图书在版编目（CIP）数据

人工智能时代与人类价值 /（美）亨利·基辛格，
（美）埃里克·施密特，（美）克雷格·蒙迪著；胡利平，
风君译 . -- 北京：中信出版社，2025. 3. -- ISBN
978-7-5217-6943-2

Ⅰ. B82-057

中国国家版本馆 CIP 数据核字第 2024Y4Q084 号

人工智能时代与人类价值

著者： [美]亨利·基辛格 [美]埃里克·施密特 [美]克雷格·蒙迪
译者： 胡利平 风君
出版发行：中信出版集团股份有限公司
（北京市朝阳区东三环北路 27 号嘉铭中心 邮编 100020）
承印者： 北京通州皇家印刷厂

开本：880mm×1230mm 1/32 印张：9.5 字数：150 千字
版次：2025 年 3 月第 1 版 印次：2025 年 3 月第 1 次印刷
京权图字：01-2024-5434 书号：ISBN 978-7-5217-6943-2
定价：88.00 元

献给基辛格博士

一位伟大的政治家、外交家、导师和朋友

我们向你致敬

赞誉

人工智能可能是有史以来最伟大的技术革命之一，最大的问题是人类将如何适应这一革命。这本重要著作首次真切地对我们面临的未来——一个几乎充满无限可能，同时面临错综复杂的新挑战的未来——进行了展望。

萨姆·奥尔特曼 OpenAI 联合创始人、CEO

这本书恰逢其时地探讨了人工智能与知识、权力和政治之间的关系，促使我们认真思考人工智能为人类带来的风险与潜能。

比尔·盖茨 微软公司创始人、前 CEO

这本书的三位作者提出了一些深刻的问题，而这些问题的最佳答案就是将智能工具和技术交到人们手中，赋予他们真正的权力，让他们更自信，更有能力，更能掌控一切。

萨提亚·纳德拉 微软公司 CEO、董事长人工智能对探索发现意味着什么？人工智能对真理意味着什么？人工智能对安全、繁荣和政治意味着什么？在回答这些问题时，这三位非凡的思想家（以他们各自的特点）毫不畏惧地围绕我们时代的主导技术，探讨宏大的主题和深刻的问题。这本书立论恢宏、观点鲜明，并始终植根于深刻的经验，是一本不可多得的读物。

穆斯塔法·苏莱曼　微软公司人工智能 CEO，

DeepMind 联合创始人

基辛格作为当代世界久负盛名的外交家和战略家，一直以他看问题的独特视角和远见著称。这本《人工智能时代与人类价值》集合了基辛格、施密特和蒙迪这三位不同背景作者的智慧，从政治、安全、繁荣到科学探索等多个维度，为我们描绘了一个充满挑战和机遇的新时代，它将启发我们如何在新的智能技术革命中寻找人类的定位，以及如何确保技术发展与人类价值和谐共存。

张亚勤　清华大学智能产业研究院院长，

中国工程院外籍院士，美国艺术与科学院院士人工智能技术迅猛发展，但其安全性和治理措施尚未完全跟上步伐。确保人工智能安全可靠地为人类带来福祉已成为重要的时代命题。我有幸在 2023 年 7 月基辛格先生最后一次访问中国时，以及同年 10 月他最后一次接待中国朋友时，与他就人工智能的安全问题进行了深入的面对面交流。如今，看到他与两位技术专家合著的《人工智能时代与人类价值》中文版问世，感慨万千。这本书以强烈的责任感、前瞻性的视角和深刻的洞察力，探讨了人工智能时代可能对人类价值带来的挑战，并提出了相应的解决方案。它为我们理解人工智能时代提供了全新的视角和思考路径。

薛澜 清华大学苏世民书院院长、

人工智能国际治理研究院院长

基辛格在他最后的岁月主要关注两件事：中美关系和人工智能。他在去世前四个月访问北京，并努力推动中美两国有关人工智能的交流沟通。这本《人工智能时代与人类价值》是《人工智能时代与人类未来》的续篇，是在 2022 年底 OpenAI 取得生成式人工智能技术突破之后，他同曾经担任过谷歌和微软高管的两位合作者对人工智能更加全面、更具前瞻性的探索。他在人类价值层面对人类智能与人工智能关系的洞见和远见，对我们极具启发。

钱颖一　清华大学文科资深教授，

清华大学经济管理学院教授、院长（2006—2018 年）

人工智能的发展将远超我们的预期，在人工智能时代，人类的尊严、权利、意义应该如何定义？如何坚持？这越来越成为我们急需重视的问题。基辛格继《人工智能时代与人类未来》之后，在新作《人工智能时代与人类价值》中更进一步，从构成人类文明核心的八个方面——发现、大脑、现实、政治、安全、繁荣、科学、战略——出发，逐一详述，给出了值得重视的方案。

江晓原　上海交通大学讲席教授、

科学史与科学文化研究院首任院长

《人工智能时代与人类价值》是一部深刻的著作，它涵盖了人工智能技术的发展现状，也深入探讨了 AI 对人类未来的潜在影响。书中的讨论跨越了多个学科领域，从技术细节到哲学思考，从经济分析到伦理考量，为读者提供了一个多维度的视角来理解 AI 革命。基辛格先生以他一贯的世界与历史视角，探讨了如何守护人的价值和尊严这个我们在未来人机共生社会不得不面对的问题。

马兆远　南方科技大学工学院 / 商学院双聘教授，

英国物理学会会士

在即将到来的人工智能时代，人类将扮演什么角色？亨利·基辛格在其生命的最后几年潜心研究人工智能，并与技术专家埃里克·施密特和克雷格·蒙迪合著了这本书。这本书深刻探讨了我们该如何在一个自主机器时代保护人类的尊严和价值。

沃尔特·艾萨克森　著名传记作家

基辛格、施密特和蒙迪对即将到来的人工智能全球体系所带来的机遇与挑战进行了迄今为止最深刻的反思。这本书的读者会学到一些非常重要的东西。在考虑关于人工智能的新政策之前，我们需要对人类理性和人性本身形成新的概念。这本书是亨利·基辛格的最后一部作品，且很可能被证明是他最具预见性和最重要的作品。这是一本意义深远的读物。

拉里·萨默斯　美国前财政部长

任何试图认真思考人工智能所带来挑战的人都必须读一读这本书。它不仅把握了我们所知的，最重要的是，它还指出了我们所不知的——人工智能无限制发展所带来的危险。基辛格及其合著者借鉴了核时代的经验教训，阐明了人类前方的黑暗道路。

格雷厄姆·艾利森　哈佛大学肯尼迪政府学院教授

人工智能让人匪夷所思，它所带来的期待和危险令我们费解。在战略大师亨利·基辛格的最后一部著作中，他与埃里克·施密特和克雷格·蒙迪这两位卓越的合著者共同聚焦于这一主题，可谓恰如其分。这是世人需要阅读的一本书。

阿瑟·C.布鲁克斯　哈佛大学肯尼迪政府学院及

商学院公共领导力实践教授

目录

前言

—

尼尔·弗格森

2018 年 6 月《大西洋月刊》刊登亨利·基辛格撰写的《启蒙是如何终结的》一文后，众人颇为惊讶。这位年迈的政治家居然对人工智能这一课题有自己的见解。那年他刚满 95 岁。当时人工智能还不是一个热门话题。直到 2022 年下半年 OpenAI 开发出 ChatGPT 后，人工智能才火了起来。

作为基辛格的传记作者，我觉得人工智能问题引起他的关注没有什么可惊奇的。早在 1957 年，基辛格就因撰写了一本讲述一项颠覆世界的新技术的书而声名鹊起，该书名叫《核武器与对外政策》。他对核武器的深入研究甚至博得罗伯特·奥本海默的赞誉，称该书"内容之丰富翔实，在核军备领域还是首次看到……紧扣事实，激情四射，论说观点锐利"。

基辛格攻读博士学位时沉浸在19世纪初欧洲外交史中。然而在此后的生涯中，他始终清醒地认识到，大国政治的永恒流转时不时会被技术变革打断。与他同代的无数人在第二次世界大战期间服役。和这些人一样，基辛格不仅目睹了现代武器造成的大规模死亡和毁灭，还看到了希特勒第三帝国的"变态科学"（丘吉尔所称）给自己所属的犹太民族带来的惨重后果。

基辛格有"好战者"之名。其实他根本不是什么好战者。基辛格成年后，终其一生矢志不渝地致力于防止第三次世界大战的发生——美苏冷战若是转成热战将产生令世人恐惧的后果。他深知，核裂变技术会使下一次世界大战的毁灭力远超第二次世界大战。在《核武器与对外政策》一书的开篇，基辛格估算了一枚千万吨级核弹投到纽约会造成的毁灭性后果。根据他的推算，苏联对美国50个大城市发动一次全面袭击会杀死1500万～2000万人，外加2000万～2500万人受伤。除此之外，还有 500 万～ 1000 万人会死于放射性污染，也许还有 700 万～ 1000 万人会染上疾病，幸存者会面临"社会解体"。基辛格指出，即使美国遭到苏联的全面核攻击，也有能力令苏联遭受同样的毁灭。结论不言而喻："因此，一场全面战争的唯一结果是交战双方必输无疑。"一场全面战争没有赢家，"因为哪怕是较弱的一方也有能力造成任何社会都无法承受的毁灭"。

然而，基辛格并没有因为年轻时怀有的理想主义而成为一个和平主义者。在《核武器与对外政策》一书中，他直言道，"削减核军备不大可能避免恐怖的核战争"，军备核查制度同样不能。问题不在于是否可以完全避免战争，而在于是否"有可能运用想象力想出毁灭力小于全面热核战争的行使权力的方式"。如果不可能，美国及其盟国几乎无法赢得冷战。基辛格在发表于《记者》杂志的文章《控制、检查和有限战争》中告诫说："如果缺乏任何通常意义上的对有限战争的理解，会导致抵制苏联行径的心理框架垮塌。如果战争被视为全民自杀，两害相权取其轻，人们也许会选择投降。"

基辛格正是依据以上结论，在《战略与组织》一文中提出了有限核战争理论。

> 在热核战争毁灭的不祥背景下，战争的目标再也不能是迄今为止所知的军事上的胜利，而应是实现对手完全理解的某些具体政治条件。有限战争的目的是给敌人造成与有争议的目标不成比例的损失或风险。目标越节制，战争的毁灭性可能越小。

为此需要了解另一方的心理活动及其军事能力。

当年基辛格思索一场有限核战争令不少人不寒而栗，觉得他冷酷无情。部分学者，例如托马斯·谢林，认为基辛格所说的无法抑制其实是可以避免的。日后甚至连基辛格本人也不再提及自己提出的这一观点。实际情况是，两个超级大国都根据基辛格在《核武器与对外政策》一书中概述的逻辑制造和部署了战场核武器或战术核武器。从理论上讲，有限核战争也许不可行。然而双方军事规划者的所作所为让人觉得，有限核战争实际上或许是可行的。（其实这类核武器直到今天依然存在。自从俄罗斯陷入俄乌冲突泥沼，俄罗斯政府不止一次威胁使用核武器。）

基辛格始终在思考技术变革对政治领域的影响。1968 年 1 月，他为纳尔逊·洛克菲勒写过一篇早已被人遗忘的文章，文中展望了计算机化或许能帮助决策者处理美国政府机构生成的日益繁多的信息的种种方式。基辛格认为，高级官员面临被数据淹没的极大风险。他写道："最高决策者掌握的信息数不胜数，危急时刻，他根本无力处理这些信息。"基辛格提出，决策者需要"不断听取动荡地区的简报"，包括潜在的动荡地区，"即使这些地区未被列为重中之重"。同时幕僚还需要向决策者提出"数个行动选项……概括为应对可预见局势的数个重大备选方案，并对每一个选项很有可能在本国国内及海外造成的种种后果做出评估"。

基辛格承认，为了达到全覆盖，需要对程序设计、信息存储、检索和图像大力投资。好在现有的"硬件技术"可以执行所有这四个职能。

如今可以把与每一个美国人相关的数百个信息类别存储在一个 2400 英尺（约 732 米）长的磁带存储器里……第三代计算机现在可以以纳秒（十亿分之一秒）的速度操作基本的机器运算……实验性的分时系统已经证明，用于大型数据计算机的多路访问能力或许可以做到分置于世界各地的执行站和操作站均可以输入或输出信息。过不了多久，就会出现用于计算机输出的彩色阴极射线管显示屏。

出任尼克松的国家安全事务助理满一年后，基辛格曾想搞一台这种类型的计算机自己用，结果被中央情报局驳回了，想必是即使没有计算机，基辛格也已经让情报机构难以招架了。

亨利·基辛格从未退休。他无时无刻不为人类的未来担忧。这样一个人怎么可能会对他晚年出现的最重要的技术突破——生成式人工智能的开发和使用视而不见呢？认识这一新生技术的意义耗费了基辛格在世最后几年的大量时间和精力。

这本书是基辛格与两位知名技术专家埃里克·施密特和克雷

格·蒙迪合著的，也是他撰写的最后一本书。此书带有这几位创新者与生俱来的乐观主义印记。他们展望了"技术人(Homo technicus)，一种在这个新时代可能与机器技术共生的人类物种"的演进前景。他们认为，人工智能很快就会被用来"创造人类财富和福祉的新基准……即便不能完全消除之前蹂躏人类的各种劳动、阶级和冲突压力，至少也可以减轻这些压力"。采用人工智能甚至有可能导致深刻的变革，消除种族、性别、国籍、出生地和家庭背景之间的差异。

一连串的警告构成这本书的中心思想，从中可以辨识出这位最年长作者的贡献："人工智能的出现是一个关乎人类生存的问题……人工智能还面临着控制不当的挑战，它可能以破坏性的方式积累知识……"下面这段话是基辛格最初在《启蒙是如何终结的》一文中提出的问题，刊登在 2018 年的《大西洋月刊》上。这本书没有用原文，但一看就知出自基辛格：

人工智能具备通过非人类手段精确认知我们这个世界的客观能力。这不仅打破了我们对过去 500 年人类孜孜以求的科学方法的依赖，还挑战了人类声称只有自己才真正了解现实，或人类对现实的了解独一无二的说法。

这可能意味着什么？人工智能时代会不会不仅不能推动人类向前迈进，反而会让人类加速倒退回前现代社会接受不加解释的权威的日子？简而言之，我们是不是正濒临或者也许会濒临人类认知大倒退的悬崖边缘——一种黑暗启蒙？

笔者觉得，此书中最令人感到震撼的内容是合著者思考了令人无比担忧的人工智能武器竞赛。合著者写道："倘若每一个人类社会……都想最大限度地扩充单边实力，势必会引发敌对双方的军队和情报机构展开一场迄今人类闻所未闻的心理战。从今天起，直至首个超级智能降临前的数年、数月、数周和数天内，事关人类生存的安全困境始终等待着我们。"

如果我们正在目睹"一场为了得到唯一一个完美无瑕、毫无疑问具有主导优势的智能而进行的竞争"，会产生什么后果？我数了一下，合著者一共设想了 6 种可能发生的情景，没有一个有吸引力。

1. 人类将失去对一场攸关人类生存的竞争的控制。参与竞争的多个行为者深陷安全困境而不能自拔。

2. 一个不受任何制衡机制束缚的胜利者将高高在上，肆意妄为。人类会不堪其淫威。历史上为了保证其他人的基本安全需要制衡机制。

3. 世界上不会只有一个超级人工智能，而会有多种超级智能。

4. 拥有和开发人工智能的公司可以积聚巨大的社会、经济、军事和政治权力。

5. 人工智能也许不是在一国体制内，而是在宗教体制内用处最大，传播范围最广，持久性最强。

6. 如果对开放源代码的扩散放任不管，有可能会导致冒出一些小团伙或集团。它们拥有的人工智能虽然不甚完美，但是不容小觑。

基辛格对以上可能发生的情景忧心忡忡，他为防止发生以上情景做出的努力没有止于撰写此书。众所周知，基辛格此生所做的最后一次努力是启动了中美两国就限制人工智能武器进行谈判的进程。他在百岁生日过后的最后几个月里，为此耗尽了残留的元气。基辛格这样做正是为了预防以上种种反乌托邦后果。

这本书的结论毫无疑问代表了基辛格的观点：

> 被有些人视为能让我们在风暴中站稳脚跟的锚，在另一些人眼里是束缚我们的绳套。被一些人赞誉为攀登一座人类潜力高峰的必要步伐，在其他人眼里是愣头愣脑冲向深渊的愚蠢之举。
>
> 在这种情况下，源自本能的千差万别的情感——外加各方划出的主观界限——将造成一种不可逆料的易燃局势。潜在"赢家"和"输家"日趋严厉的立场将增大这种形势的压力。惊恐者会放慢自己的研发步伐，同时破坏他方的研发。信心满满者会隐瞒自身实力，秘密提速研发工作。今后爆发的危机时间表会提速，为此前的人类所未见。人类很快会被危机吞没。目前尚不清楚人类能否存活，如何存活。

技术专家对这类不祥之兆的反应通常是提醒我们人工智能带来的可见益处。医学科学领域内产生的成果已显而易见。我对此不持异议。以我之见，较之 ChatGPT，AlphaFold 这一突破的重要性远超前者。后者是一种可预测蛋白质三维结构的神经网络模型。不过 20 世纪医学科学也有过重大进展，例如，发明和普及了抗生素、种种新疫苗，以及数不清的其他疗法。尽管如此，世界大战和种族灭绝还是发生了。

技术进步的核心问题体现在亨利·基辛格的一生中。1938 年，柏林的两位德国化学家奥托·哈恩和弗里茨·施特拉斯曼发现了核裂变现象。1939 年，出生在奥地利的两位物理学家莉泽·迈特纳和她的侄子奥托·罗伯特·弗里施给出了核裂变在理论上的解释并为之命名。一次核链式反应可能导致"释放出大规模能量和放射性物质，很不幸，也许还会催生原子弹"。这一真知灼见出自匈牙利物理学家利奥·西拉德。当时物理学家们也认识到，或许有可能把链式反应控制在一个核反应堆中，借此产生热能。然而，制造第一颗原子弹仅用了三年时间。而直到 1951 年，第一座实验性核电站才建成。

读者不妨问问自己，过去 80 年里人类造得更多的是核弹头还是核电站？今天，世界上大约有 12500 枚核弹头，而且这一数字还在不断上升。与此形成鲜明对比的是，现在只有 436

座核反应堆正在运行。从绝对值来看，2006 年核能发电量达到了峰值。核电站发电量占全世界总发电量的比例从 1996 年的 15.5% 下降至 2022 年的 8.6%。原因之一是为数不多的核事故引发了过度的政治反应。与化石燃料排放的二氧化碳相比，这些事故对人类健康和环境的损害微乎其微。

亨利·基辛格的一生给人的启示显而易见。技术进步的后果既可以是良性的，也可以是恶性的，这取决于人类共同决定如何利用技术进步。当然，人工智能在诸多方面不同于核裂变。然而，如果想当然地认为这一新技术会被更多地用于建设性而非毁灭性的目的，将会铸下大错。

亨利·基辛格的真知灼见来自历史经验和个人经历。正是他的真知灼见激励他在一生中花费大量时间研究世界秩序和如何避免世界大战。这也是为什么他对最新的人工智能突破的反应如此迅速，忧虑如此之深。这也是为什么他的这部遗作与他在自己漫长而又显赫的一生中撰写的任何文章同样重要。

2024 年 7 月写于牛津

序 缅怀基辛格博士

——

埃里克·施密特

克雷格·蒙迪

2023 年 11 月 29 日，亨利·基辛格博士与世长辞，享年 100 岁。凡认识他的人无不受到他的启迪。本书是基辛格博士撰写的第 22 本书，也是他临终前一直埋头写作的一本书。在他人生的最后一年，我们两人与他频频会面。基辛格博士坚定认为，我们撰写的这本书意义重大，亟须传播其要旨。作为基辛格博士的合著者，我们是他去世前几天前去探望并与他交谈的最后一批人中的两个。应基辛格博士的请求，现在我们代他完成了本书的写作。在一个对人类未来至关重要的问题上，我们竭力保持基辛格博士思想的独一无二性，还有他那浑厚低沉的嗓音。完成基辛格博士启动的这本书，让他的遗作不会随他而逝，而是继续存在于一个没有他的世界里，是我们为缅怀他做出的一点微薄贡献。

基辛格博士曾为建设我们这个世界做出过重大贡献。直到临终前，他仍不遗余力地挽救这个世界。基辛格博士最后留下的文字呼吁全人类继续为确保未来人类安全的宏大事业而努力。20 世纪中叶，基辛格博士是为保护人类免遭原子弹毁灭——20 世纪面临的事关人类存亡的严酷现实——在哲学和外交上做出努力的首席设计师。正当一个新风险来临之际，这位预防原子弹风险的勇敢卫士驾鹤西去。他去世之日也是一种新型生命诞生之时。面对人工智能时代的降临，我们认识到，能够比肩基辛格——20 世纪的大师，21 世纪的哲人——为人类未来奠定基础的人寥若晨星。

基辛格博士首先是一位历史哲学家。他深入研究了悲剧这一课题后，倾其一生致力于向世人展示，发乎情的理想主义与发乎理的现实主义可以和谐共处，且后者因前者而升华。用法国作家罗曼·罗兰的话说，一个人可以既有"心智的悲观主义"，又有"意志的乐观主义"。乐观主义者渴望人类能够操控自己的事务。悲观主义者认为，人类的生存状况是由人类无法控制的力量决定的，比如自然法则和历史轮回。

基辛格自然深知，空想理论家毫无怜悯之心，把炽热的理想主义拿来为己所用，要么大开杀戒，要么不假思索地恃强凌弱。在人类历史上，法西斯主义、极权主义和好战的宗教狂热主义都曾认为自己追求的目标是最美好的。起初基辛格博士是令人发指的暴行的受害者，之后他又是一位反抗暴行的军人和外交战士。他着手在厚颜无耻的秩序和毫无内疚感的旧安全基础废墟上重新打造一个新世界。基辛格博士深深扎根于历史事实和国家利益的坚实土壤，通过积极管理国际事务来引导自己入籍的这个国家以及整个世界度过了风云变幻的动荡岁月。

基辛格博士深谙需要有选择性地应用现实主义之道，并将其发挥得淋漓尽致。与此同时，他又是一位理想主义者，如同他的传记作者尼尔·弗格森所言，他尊重"人的自由、选择和能动性在塑造世界过程中的作用"。基辛格博士在理论和实践中表达了自己的信念：人类没有，也不能活得好像未来命运已经注定。在他的哈佛大学本科毕业论文《历史的意义》中，可以看出时年 27 岁的基辛格在哲学层面的思考。同样的哲学思辨也贯穿于他的这部遗作："无论一个人如何看待种种事件的必要性……无论我们回首往事时会如何解释过去的所作所为，当初这样做都是因为内心对自己的选择深信不疑。"

人类用自己锻铁炉的炉火打造出毫无人性的蓝图。基辛格博士认为，人类能否在这些蓝图下幸存下来尚不清楚。面对令人不寒而栗的核灾难前景，背负这一沉重负担，基辛格既没有向决定论的宿命观低头，也没有屈从于末日预言说。自不待言，害怕人类毁灭有可能会引发虚无主义，然而恐惧同样有可能赋予我们最美好的品质，让我们变得坚强，敢于蔑视邪恶势力，为了人类这一物种的未来捍卫需要世代相传的东西。20 世纪 50 年代初，时任哈佛大学教授、风华正茂的基辛格参加了一系列会议。在这些会议上，著名科学家和像他这样的杰出学者聚集一堂，商讨核战争的潜在后果以及防止核战争的必要措施。这些会议产生的种种理论使我们这个世界避免了与会者担心的最坏设想。

数十年后，基辛格博士在与我们二人交谈时，常常谈及这些会议——会议的结构、目的，以及时隔多年后在今天显露的重要性。基辛格博士直至生命最后一息仍不改初心，既不向命运屈服，也反对任何乌托邦愿景。如同对待核武器问题一样，基辛格博士对人工智能的看法同样公允持平：一些由执着于目标的人组成的小团体如果挺身而出，申明自己信奉的价值观，那么有可能改写历史。与此同时，基辛格博士认为，即使创造新型智能的科学家是天才，他们接受的训练也不足以确保在操作这些最新的工具时有起码的安全。

这也是为什么基辛格博士在人工智能问题上留下的遗产不仅限于纯粹哲学和学术探索，还包含了实际建议。在他秘密北京之行及此后美中两国实现关系突破半个世纪后，基辛格博士最后一次飞赴中国首都。中国国家主席习近平在北京钓鱼台国宾馆会见了基辛格，会谈的主题是人类邂逅人工智能面对的种种风险。这是基辛格博士最后一次出国访问，也是他执行的最后一次外交使命。

昔日，基辛格博士把研究和践行治国方略提升为一门艺术。

今天，他对应对之道的求索把人工智能提升到一个超出科学范畴的高度。2021年，基辛格博士与我们两人中的一位，以及麻省理工学院的丹尼尔·胡滕洛赫尔教授合著的《人工智能时代与人类未来》一书出版。该书预料，人工智能的问世将创造一个历史新时代。人工智能能够以意想不到的方式深刻改变人类思维，从这个意义上看，其影响恰似18世纪的启蒙运动。然而在新时代，人类不是依据自己提出的问题不断前进，反而深陷人工智能对人类从来没有问过的问题给出的答案。随着人工智能不断征服人类的知识领域，基辛格博士转而寻求从人类智慧源泉中汲取养分。

在本书里，我们与基辛格博士一道探讨人工智能对人类活动和思想的8个不同领域产生的影响。在不断探索一项平衡好处与风险的战略问题上，基辛格博士给出了自己富于哲理的答复。本书以他的答复收尾。基辛格博士在追求这一目标时，探索了人类与人工智能共存的种种前景，包括未来有一天人类与人工智能共同演进的前景。他从概念上揭示了这两个物种——一个是有机的，一个是人造的——和谐相处的可能性，同时还明示了做出一项选择的必要：是创建一个人工智能变得更像我们的世界，还是创建一个我们变得更像人工智能的世界。

自从基辛格博士撰写的第一本讨论人工智能时代的书出版后，他越来越认识到，在这样一个时代接近尾声时，理性的作用非常有限。对人类而言，超出我们自己理解——或不是我们自己创造的——的解释可能令人有一头雾水之感。人类会本能地认为人工智能不如人类发达，它给出的解释比人类做出的科学解释更简陋，所以是倒退而不是进步。然而，这其实是一种危险的臆断。

借用阿瑟·克拉克的话，如果"任何相当先进的技术与魔法别无二致"，如果奇迹是数学创造的，未来会无法解释，令人困惑，甚至变得魔幻。我们两人认识基辛格博士的时间加在一起有几十年之久。在这期间，基辛格博士依据自己在治国方略这一人类事务的复杂领域的丰富学识教诲我们：尽管理性一直是人类用来掌控这个世界的主导范式，但它却无法成为人类用于自我掌控的范式。

因此，今后我们不能再仅仅依赖理性这一人类非凡成就的历史燃料，但人类也不能完全摒弃理性。就像他在理想主义和现实主义之间保持平衡一样，基辛格博士对人类未来的最后探究也在真理的实证特征和其他东西之间取得了平衡——在哲学意义上超出了理智范畴，但在时间顺序上又落在后面。正如外交政策承担不起两个极端中的任意一个，我们为未来构建的框架同样承担不起。

因此，人工智能是需要人类深思的一项独一无二的挑战。对人工智能的思考起初也许会显得缺乏理性，或是给人想入非非之感。本书各章节讲述的种种设想确实触目惊心。基辛格博士曾告诫我们和其他人，他自己不过是人类的一个谦卑学生，也是人类创造的最新乃至最终产物的谦卑学生。他让我们牢记，人工智能对人类最大的威胁是，人类过早或过于斩钉截铁地自称"我们了解它"。

今后可能再也看不到像基辛格博士一般具有深邃思想和识人眼光的人。我们认识的人中，没有一个可以在 93 岁高龄掌握一个此前不为世人所知的全新技术知识领域。他有一颗无法熄灭的好奇心、一个活跃的大脑，外加对工作的执着和使命感，无论什么样的身心痛苦，从来都不能抑制他渴求进步的激情。基辛格博士在老年时疾病缠身，但他每天醒来后都抱定坚如磐石的决心努力推动世界进步。基辛格博士坚不可摧的力量也许源自他人不曾有过的磨炼：年轻时受到的压迫使他坚强，战争时期的从戎经历让他成熟，官场几十年的倾轧让他经受了历练。

这位伟人塑造了众多人的人生，我们仅仅是其中两个。毋庸置疑，我们会深深怀念基辛格博士。我们对他的怀念会有多深，现在还难以想象。基辛格博士是在未来前景面临巨大不确定性的情况下辞世的。今天的我们比以往任何时候都需要他。这也是为什么对本书英文版而言，似乎没有比 Genesis（创世记）这个名字更合适的书名了，这既是全人类，也是基辛格博士的新起点。无论人类是成是败，基辛格博士再也看不到自己努力的终极结果了。但至少我们现在有他的智慧指导我们自己做出努力。

引言

———

几年前，人工智能在公众的讨论中只占不起眼的一角。此后人工智能日新月异，今天已占据了世界各地新闻媒体的头版，也是世界各地科学、商业、新闻、公共服务、教育和政界领袖思考的一个问题。

在我们看来，公众也好，这一领域内的众多专家也好，仍然没有认识到人工智能新时代的重要内涵。花样翻新的人工智能和人类应对它们的方式有可能从根本上改变人类与现实和真理的关系，改变对知识的探索方式和人类自身的演变，改变开展外交的方式和国际体系。以上方面是今后几十年至关重要的问题，各领域的领头人应当给予最高级别的关注。

人工智能的最新能力给人留下了深刻印象。然而随着它的能力加速提升，将来回首看它今天的最新能力，会给人小儿科的感觉。迄今为止，我们从未想象过的种种能力即将渗入人类日常生活的方方面面。未来的体系将推动人工智能巨大的、总体而言利大于弊的进步，创造财富的同时也改善人类健康。

然而，伴随新能力而来的是技术上的风险和给人类带来的风险。有些风险是已知的，有些是未知的。当今的种种技术已经被以发明人不曾预料的方式投入使用。这一趋势有可能会继续下去。人类科学家探索的每一种富有成果的研究方法——今后不会只有一种——有可能产生未曾预料的新能力分支。对这些新分支，人类也许看得懂，也许看不懂。它们对人类也许有益，也许无益。

人工智能仿佛压缩了人类的时间尺度。未来的事物貌远实近。一个例子就是可以自己诠释目标的机器正呼之欲出。如果人类还有可能跟上这些风险的步伐，必须在可想象的最短时间内采取行动，应对风险。认识到今后的任务事关重大，刻不容缓，我们在这里仅指出这一任务诸多方面中的几个。

随着人机伙伴关系无处不在，人类必须决定这些关系的合理性质。我们可以从安全和效率逻辑，从对历史的研读，以及从神明的启示中获取答案。将来个人、国家、文化和宗教信仰都需要确立人工智能在真理问题上发言权大小的边界（如果有任何边界）。以上各方需要决定是否允许人工智能成为人类与现实的中介。在这个问题上各方需要二选一：要么继续保留人类进取心的传统作用（同时有可能把发现新知识的领导权出让给人工智能），要么摒弃受生物学束缚的人类思维，改为在知识前沿与人工智能结成一种潜在的重构伙伴关系。是人类选择自己的目标，然后驾驭人工智能去实现这些目标，还是人类让人工智能帮助选择其中的部分目标？当务之急是人类必须给人的尊严下一个现代的、可持续的定义，从而为未来岁月的决策提供哲学方向。

我们认为，人工智能的出现是一个关乎人类生存的问题。如我们在本书稍后所述，以非人速度运作的未来人工智能的能力将使传统规则失去用武之地。我们需要一种全新的管控方式。对全球科学界而言，当务之急是找到可以在每一个人工智能系统中加入内在安全保障的技术手段。各国和国际组织一旦达成共识，就必须为监督、执行和应对危机建立新的政治结构。这需要解决两个而不是一个"对齐问题"：一个是人类价值观和意图与人工智能行动在技术层面的对齐，另一个是人与人之间在外交层面的对齐。

本书作者之一亨利·基辛格博士在后一个难题上指导了其他两位合著者。曾任微软和谷歌公司高管的两位合著者在前一个难题上辅导了基辛格博士。克雷格·蒙迪是微软公司负责联络华盛顿及世界各国政府的首席技术政策联络官，同时主管微软的研发工作。此前不久，他曾向 OpenAI 公司高层提供过咨询服务。埃里克·施密特则掌舵谷歌公司长达 10 年。

我们共同面对的问题迫在眉睫。人类社会乃至人类物种迫切需要积极主动地解决这些问题，而不是坐等危机发生。人类安全固然是成功应对人工智能对策中一个不可或缺的部分，但它不能解答人工智能提出的所有问题，因为在人工智能时代，人类自身会变。问题是我们人类是否并在何种程度上选择在这一变化方式上继续坚定维护自己的权威。

第一部分

开端

发现

探索发现可能是人类最激动人心的能力。在好奇心的驱使之下，在意外收获带来的愉悦之中，我们以发现填补了我们认知的真空，并将我们提出的问题转化为答案。探索可以说是我们人类的自我定义中不可或缺的一部分。因此，尽管前路有危险横亘，有崎岖挫折，我们仍然坚持不懈地沿着这条道路上下求索。

纵观历史，人类的探索，尤其是对自然环境的探索，向来是一个在严峻风险面前展现巨大勇气的叙事。人类探险队所面临的往往是生死较量。16世纪早期，麦哲伦开启的环球航行历时三年，其间暴力、饥饿和死亡可谓如影随形。麦哲伦的航行是首次成功的环球航行。在这一过程中，他打破了公海上的持久航行纪录，证明了地球的形状，并且在欧洲殖民主义背景下为国际范围内的社会和经济交流开辟了全新道路。

麦哲伦麾下的大多数船员都认识到，他们的前路危机四伏。虽然当时人们不再普遍认为地球是平的，但"地球是圆的"这一事实尚未得到证实，麦哲伦的许多船员可能害怕他们的船会驶出世界的边缘。

麦哲伦和他的船员们都知道，如果"地球是圆的"这一假设有任何偏差，他们都将为此付出沉重代价。事实上，他们确实犯了错，也付出了代价：他们低估了旅程的长度，低估了维持生命所需的食物数量，还低估了大规模中毒的危险，以及船只受损或无法航行的风险。最初启航时的船队有5艘船，共载有大约270名船员，但到最后只有一艘船载着18名失魂落魄的幸存者返回了西班牙的港口。而且这些幸存者中没有船长，后者在航行途中被土著杀死。[1]

在麦哲伦所处时代之后的 400 年里，世界的每一个角落都被绘制成地图——唯独南极洲除外，那是一片如同外星球般荒凉的土地。英裔爱尔兰探险家欧内斯特·沙克尔顿比他之前的任何人都更接近位于那片土地上的南极点——所谓的"世界之底"。1909 年，沙克尔顿及其部下带着一支毫无经验的船员队伍，在没有政府支持、只有一些私人贷款和个人捐款的情况下，创造了最长的南极探险旅程纪录，并为后来的探险家们铺平了道路。

尽管沙克尔顿无法宣称自己是第一个到达南极点的人，但他还是赢得了后人的尊敬，因为他将人类价值置于探索的野心之上。探险开始后的一年时间里，探险队成员每天都被绑在雪橇上，残酷地轮班工作 10 小时，每天只能前进区区几英里。虽然他们有足够的食物到达南极点，但剩余的食物却不足以支撑他们返回船上。

就在彼时彼地，在距离胜利已不到 97 英里（约 156 千米）的地方，沙克尔顿没有让他的部下冒生命危险继续前进，而是决定折返。他在日记中写道："我们已经尽力了。"[2] 在撤退途中，沙克尔顿还将自己每天仅有的一块饼干配给让给了生病的船员弗兰克·怀尔德，后者在日记中写道："再多的钱都买不到那块饼干，我永远不会忘记那次队长做出的牺牲。"[3]

沙克尔顿并没有因为这次失败而气馁，后来他又进行了多次南极探险。几十年来，坊间流传着一个故事（后来被证实是杜撰的），说他在伦敦《泰晤士报》上刊登了如下广告：

招人：危险旅程。工资微薄，刺骨严寒，长达数月的完全黑暗，危险不断，不确定能否安全返回。如果成功，将获得荣誉和认可。[4]

这则广告虽是杜撰的，但它所体现的牺牲精神却是如假包换。这就是距今仅一个世纪的探险所需要面对的现实：我们能拓展多少人类边疆，得看有多少勇敢之人愿意为如此渺茫的成功而孤注一掷。

也许是体认到了这些危险，一些国家的政府开始认为有必要对此类探索发现活动加以赞助和奖励，而这些活动也日益成为国家间国际竞赛的一部分。例如，麦哲伦的航行就取决于政治力量的支持。由于无法从葡萄牙国王——他自己的君主——那里获得财政支持，麦哲伦改换门庭，转而在西班牙王室的赞助下开展航行。他死后，船员们选择了西班牙人胡安·塞巴斯蒂安·埃尔卡诺担任指挥官。在返航途中，埃尔卡诺因几乎没有食物和补给而陷入绝望，他试图在位于西非海岸的葡萄牙殖民地佛得角群岛停留，并派出13名船员上岸与殖民总督谈判，但他们的请求遭到了羞辱性的拒绝。

虽然因被拒绝而沮丧不已，但埃尔卡诺也因此更坚定了自己的决心，要用行动证明葡萄牙的愚蠢和西班牙的成就。他下令起锚，继续返航（不过他把先遣使团的成员留在了这片不友好的土地上）。最终，埃尔卡诺完成了这次旅程，实现了麦哲伦的理想，他致信西班牙国王，即当时的神圣罗马帝国皇帝，也是世界上最强大的君主：

> 陛下比任何人都清楚，我们最应该珍视和把握的重点是，我们已经发现了整个世界是球形的且绕着它航行了一圈。我们扬帆向西而去，却从东方归来。[5]

最终，这些无所畏惧的人和他们的政治支持者将探索计划进一步推向了地球之外。我们不仅要研究行星——这项工作已持续了数千年——还要亲自踏上这些行星的表面。第二次世界大战之后，受美国和苏联之间冷战的推动，两国间的"太空竞赛"促使这两个超级大国争相将人类送往他们从未涉足之地。

这些宇航员自身当然可被视为先驱，但莫斯科和华盛顿进行的太空冒险都绝非源于个人主义的生命和财富赌博。相反，每一次冒险都是一次协调一致的外交和军事任务，推动其实施的是大量的投入，比如资金、时间，还有试错余地。在过去的70年里，600多名宇航员冲破重重阻碍，穿越苍穹，遨游太空，其中一些人还走得更远，他们不仅绕月飞行，还在月球上行走。[6] 所以，美苏争霸一方面将我们带到了核毁灭的边缘，另一方面又让我们踏足天上的星辰。

在"地理大发现"时代（麦哲伦、瓦斯科·达·伽马[①]、阿梅

[①] 葡萄牙航海家、探险家，以开拓从欧洲绕过好望角通往印度的海上航路而名垂史册。——译者注

里戈·韦斯普奇 ① 等人活跃的早期现代时期）之前的一个多世纪，中国人在航海方面呈现的雄心无论在探索范围还是规模上都是无与伦比的。中国明朝伟大的航海家郑和率领的"宝船舰队"由数十艘，有时甚至数百艘当时最先进的船只组成，载着数以万计的水手、士兵、外交官和商人。对比之下，西方国家政府为探险家们提供的那点资源和支持可谓相形见绌。这位中国航海家的每一次冒险都耗时两年左右。他麾下的船只最初航行于中国东南沿海附近的太平洋水域，后又向西航行到孟加拉湾、印度洋、阿拉伯海、红海，最后到达东非的斯瓦希里海岸。从 1405 年到 1433 年，他的探险活动历时近30 年。[7]

郑和下西洋的缘起和动机更接近于现代美苏两国的太空计划，而不是他所处时代的西方同类计划。与其说郑和下西洋是对未知领域的冒险突进，不如说是一场对大明王朝治国有方、物产丰盈的成果展示。但问题也在于此。即使是在一个资源

---

① 意大利航海家、探险家、旅行家，在当时所有人（包括哥伦布）都认为美洲大陆是亚洲东部的情况下，他经过考察首次提出这是一块新大陆，之后美洲大陆便以他的名字命名。——译者注

充足的国家，那些对确保一次探险成功必不可少的事物，从长远来看也会败坏探险事业的根基。政治会改变，优先事项会转变，人的耐心也很容易被消磨殆尽。"宝船"所需的开支如此之大，以至于明朝朝廷内部的一些大臣开始反对皇帝为这些任务提供资金的举措。政治挫折和自然灾害令局势愈加动荡不安。最后，明朝决定将其最好的船只连同郑和下西洋的诸多记录加以销毁或刻意雪藏，以免再次出现此类宏图大业，吸引和诱惑国家领导人为此劳民伤财。这些船只逐渐腐烂朽坏，400 年来再也没有出现过可与其比肩者。

类似地，在美国赢得太空竞赛之后，由于再没有竞争对手来激励该国努力奋进，华盛顿对太空探索的支持从此萎靡不振，美国国家航空航天局（NASA）的预算也遭削减。在之后 50 年的时间里，美国的载人航天能力江河日下。美国从地球上唯一有能力让人类登陆月球的国家，沦落到只能将人类送入近地轨道，直到最后彻底丧失了将任何人送入轨道的能力。

到头来还是依靠私人探险家的努力，美国航天的声誉才有所挽回，在太空探索技术公司（SpaceX）的带领下，西方探索宇宙的雄心得以重振。如今，该公司的成就已经达到我们难以想象的高度，它不再将距我们最近的天体视为临时目的地，而是欲在其上建立永久的家园。一个世纪前，沙克尔顿帮助建立了人类在地球最南端的据点。而今天，沙克尔顿环形山——一个为纪念他而命名的洼地，位于月球的南极，而非南极洲——则是人类计划中的下一个前哨基地选址。

备选支持者的存在对探索的持续进行至关重要。在麦哲伦时代的欧洲，如果一位君主不支持，探险家可以从另一位君主那里筹集资金。到了20世纪，欧内斯特·沙克尔顿渴望为当时已日渐衰落的大英帝国夺取南极点，然而1914年爆发的第一次世界大战令该国无暇他顾。沙克尔顿因此无法从英国王室筹集到必要的资金，于是他转而求助于私人捐助者。私人营利性公司的兴起——这使得投资和风险均得以汇聚——带来了更多的可能性。对此，人们不禁要问，如果郑和及其继任者有这样的选择，他们会成就何等伟业呢？

走进人工智能

在西方历史上最漫长的时期里，对现实的探索主要集中在地理实体——我们的星球和离我们最近的毗邻天体——层面之上。而随着人类逐渐主宰我们所处的自然环境——陆地、海洋和天空——人类永不停歇的探索本能迟早会将其探索范围从周边的空间扩展到内心的思想领域。然而，今天我们在本书中所涉足的并非物质探索的前沿，而是智力探索的前沿。

人工智能的发展开创了一个新的发现时代。当人工智能被整合到实体系统中时，机器人传感器会承担起早先由人类承担的角色，从而使人类在进行探索时免于遭受身体危险，并因此令热衷于此的开发者和投资者的队伍成倍壮大。

人工智能不会感到恐惧，因此它不会因现实的浩瀚广阔而心生敬畏。人工智能也不会感到羞耻，因此它可以毫不犹豫地承受失败，但人工智能可以迅速重新调整，通过不断即兴式创新和尝试，它可以适应高失败率，却不会让上述那些开发者和投资者感到受挫。

如今，人工智能领域的探索几乎完全是由私营公司和企业家主导的项目，国家则成为辅助支持者。不过，即使没有政府的锦上添花，人工智能的发展和扩张也可能会继续受到各种资金来源的推动。诚然，在当今尚属早期的发展阶段，这种探索可能仍然需要大量的人力资本和社会支持；但在未来，人工智能的持续探索对部署该技术的社会而言，可能将不再是一项财政和政治负担。这并非某种不可预见的发展，也不似那些早期探索时代的情形——所有这些早期探索都在尚未充分发挥其潜力之时便告终结——我们可以期待对人工智能的探索和利用之势将持续下去。

然而，尽管人工智能在一定程度上摆脱了早期探索活动面临的桎梏，但它也无法全然随心所欲——尤其是当它的影响变得愈加明显时。民主社会对风险的容忍度，以及国际博弈面临的不确定未来，将继续成为影响人工智能领域的重要未知因素。也许这将引发一场人工智能竞赛；也许这将导致一场悲剧，程度堪比明朝政府大规模摧毁郑和的"宝船舰队"；也许各国可以沿着某条中间路线获得进展。

博学之人

事后看来，显而易见的是，人类发现的疆域必将扩展到物质领域之外，也就是说，将不再限于航海家、宇航员和冒险家们所踏足之地，其探索者也将变得更加不拘一格。事实上，从相当早的时期起，历史就已见证了一类"新的"（或者说，即便不那么新，也肯定与众不同）人类发现者，即"博学者"的乘势而起。

这些人精通许多领域的知识，其中任何一个领域通常都需要耗费一生的精力去钻研，因此纵观整个历史，博学之人可能也只有寥寥几百个。无论是献身于艺术还是致力于科学，抑或是两者兼而有之，这些人都洋溢着对所探究领域进行彻底变革，或者从零开始创造整个研究领域的澎湃激情。与其说他们是被心灵的勇气鼓舞，还不如说是被纯粹的思想力量推动，他们不畏艰险地向着人类知识和想象的深处进发：相较于活跃于实体世界的典型探险家，他们所直面的领域更为广阔。

有时，这些出众个体因其拥有的破解宇宙奥秘的神奇能力而被视为巫师，或是与神圣的宇宙造物主有联系的中间人，人们对他们既敬畏又怀疑。这种名声经常会使他们与宗教或政治当局发生冲突。在其他时候，他们也会因为自己的天赋而受到当局重视，被鼓励在这些权威的直接支持下继续研究，并因自己的努力而得到回报。

在伊斯兰黄金时代，博学者们曾想方设法开辟科学道路，寻求以此为信仰服务。来自今属伊拉克巴士拉的伊本·海赛姆提出了科学方法的概念，比西方文艺复兴时期的同道们早了五个世纪。[8] 伊本·海赛姆精通几何学、天文学、光学和经验心理学，在水利工程方面也有很深的造诣。

正是最后这一点令他与宗教发生冲突。他声称自己有能力控制尼罗河水的泛滥，而当时人们仍认为这种自然现象乃是出于超自然的原因。因此他被邀请去巴格达与哈里发 ① 会面。在那里，他提出的工程项目被发现与伊斯兰神学教义相悖。作为对他所持大胆主张和颠覆思想的惩罚，他被迫避世隐居，直到哈里发去世。

---

① 哈里发（Caliph），意为"继承者"、"代理人"或"继任者"。在伊斯兰历史和宗教中，哈里发指先知穆罕默德去世后，其世俗与宗教权威的直接继承者。——译者注

其他博学者，如阿尔·花剌子米——一个来自今属乌兹别克斯坦境内的波斯人——在为神学服务的学术领域取得了更大的成功。他被任命为宫廷天文学家和巴格达智慧宫图书馆的负责人。[9] 天文学在阿拔斯王朝的哈里发统治下蓬勃发展，哈里发慷慨地资助了像他这样的人，因为他们对伊斯兰信仰做出了直接贡献，例如对圣地的地理坐标进行标记，其中最重要的便是确定麦加的方向——这是伊斯兰教祈祷的必要条件——由于中世纪天文学对恒星精确定位的改进，相关计算变得更加精确。

与海赛姆和花剌子米同时代的人还找到了更具创造性的方法，通过深化科学与宗教之间的联盟来维持探索精神，用同时代另一位伟大的穆斯林博学者伊本·路世德的话来说，就是确保那些拥有"智慧统一"（the unity of intellect）之人在一个并非如欧洲启蒙运动那样以其理性成就而著称，而是以狂热的宗教信仰而闻名的时代，也能够得到庇护保全。[10]

在距离巴格达千里之外，中国和印度的博学之士（他们彼此之间也相隔千里）的做法不是与神权结盟，而是向政府机构靠拢，通过攀附权势和自身努力实现了与政治的独特媾和。在 12 世纪，金月①——"他那个时代的通晓一切知识之人"——担任鸠摩罗波罗国王统治地区（现为印度古吉拉特邦）的顾问。几个世纪后，年轻的莫卧儿皇帝阿克巴大帝不仅将统治这个国家，还会在建筑、工程和文学方面取得不俗建树。

至于中国的智者，除了在知识领域展现才能，他们也在朝廷中担任顾问、文官和高级行政长官。政府既是他们的客户，也是他们的靠山。在一天之中，这些思想家可能随时以司天监监正的身份监督历法的制定；而在仅一小时后，他们又会就如何提高农作物产量向中央内阁建言献策。他们或受命建造大型战争机器，或作为使节出使邻国，抑或负责就经济政策问题向皇帝提供建议。

但他们没有自主权，只有在皇帝需要他们提供智力服务时，他们才会受到优待。在古代中国，派系政治成为天才的桎梏，就像伊斯兰世界的宗教限制一样。即使是一代才俊也受制于

---

① 金月是一位印度耆那教学者、诗人和博学通才，活跃于今古吉拉特邦，其作品涵盖了语法、哲学、韵律和历史等多个领域。——译者注

最初认定他们才能的制度，科学仍然听命于天子。沈括是宋代的一位博学之士，他被一个妒贤嫉能的侍御使弹劾，最终失去了皇帝的宠信，从而陷入了孤立无援的境地。奇怪的是，他之所以落得这般田地，却是由于与宋朝那位可称博学之士的侍御使的政治竞争所致。[11]

在古代和中世纪的中东、印度和中国，这些孤独的博学者的身影偶有闪现。但直到"地理大发现"时代之后，也就是在我们现在所说的理性时代或启蒙时代，系统的概念研究才首先在欧洲萌发，随后又在美国涌现。事实证明，在 15 世纪和 16 世纪文艺复兴的推动与促进下，随后的四个世纪——将我们带到如今这个人工智能时代开端的阶段——是一个与以往截然不同的知识探索时代。

在前启蒙时代，博学者别无选择，只能委身于更高的权力，无论后者是皇帝还是哈里发。相比之下，欧洲启蒙运动的许多领军人物却能够依照自己的见解大胆追求，不是将其作为实现政治或神学目的的手段，而是将其本身作为目的。意大利的博学者莱昂·巴蒂斯塔·阿尔伯蒂自豪地评价文艺复兴时期的人:"一个人只要愿意,就可以做任何事情。"

不过,尽管智力本身已构成探索的必要条件,但还远远不够。除了保持对风险的热衷,探险家还必须得到合适的资源、环境和合作者的支持。而在启蒙运动时期,探险家可以三者兼得。各国政府和企业——主要是出于将科学理论转化为军事和商业应用的兴趣——仍然是欧洲-大西洋地区博学者的积极赞助者和合作伙伴,同时在很大程度上能够让后者自由地按照他们认为合适的方式支配自己的精力和技能。即使有人试图对博学者加以收编、压制或以其他方式进行干预,欧洲的分裂状况也足以让那些在一个地区不受欢迎的思想家在另一个地区找到立足之地。因此,法国人弗朗索瓦-马利·阿鲁埃——他的笔名伏尔泰更为人所熟知——在法国境外度过了相当长的岁月,而俄国人米哈伊尔·罗蒙诺索夫①则在 19 岁时决心"学习科学",为此他从遥远的北方家乡村庄一路行至莫斯科,在那里接受了基础教育,然后转入德国马尔堡大

---

① 俄国历史上的一位杰出人物,被誉为俄国科学史上的"彼得大帝",他是一位百科全书式的学者,其贡献跨越科学、语言学、哲学和文学等多个领域。——译者注

学学习。[12]

一个显而易见的结果是，人类的进步如今为那些志同道合的思想家在现实世界中或精神上的全新汇聚与联系方式所推动，这促使拥有最高智慧者进行竞争和合作。在此之前，人类天才的故事一直与孤独相伴，他们在空间和时间上被暴政孤立。博学者往往孑然一身，在自己所在的空间或时间范围内很少有其他知音可以与之合作或共勉，他们只能在自身能力允许的范围内不断突破界限。此外，由于与所在政体内部和政体之间其他少数知识先驱缺乏联系，发明家们难免陷入重复劳动，他们对对方的研究缺乏直接了解，也无法在他人的成果基础上更上一层楼。

渐渐地，那些有幸掌握准确、及时且忠实翻译材料的人，便可以通过集体努力拼凑复杂的发明——这种拼凑组合不仅在同时代发生，而且可以跨越时代。到启蒙运动时期，博学者们不仅能够沟通各学科，而且能够将以前从未被调和或融合为一个连贯整体的不同理解领域融会贯通。从此不再有"波斯科学"或"中国科学"了，有的只是科学。

这种整合不同领域知识的能力有助于产生快速的多学科突破，并最终被证明是"集体智慧"的最佳尝试。例如，在 20 世纪，二战时期的曼哈顿计划便是这种高度智力密集型工作的体现，在当时最杰出人才的共同努力下，只用了三年时间，就将几代人的理论物理学成果转化为核武器这一毁灭性的应用：这是他们的前辈无法想象的壮举。其他一些机构，如普林斯顿高等研究院和加利福尼亚州兰德公司，也同样成为天才的庇护所。

当然，也有一些博学者为其才华所累，仍然喜欢独自工作。塞尔维亚裔美籍发明家尼古拉·特斯拉就是其中之一。

> 在隐居和连续的独处中，人的头脑会更加敏锐清晰。思考不需要大实验室。独创性在不受外界影响的情况下茁壮成长，这些影响只会削弱我们的创造性思维。独处，是发明的秘密；独处，是创意诞生的时刻。这就是为什么许多人间奇迹都是在简陋的环境中诞生的。[13]

但特斯拉的事迹只是个例外，而并非常态。20 世纪应用科学的"寒武纪大爆发"①，使人类以前所未有的速度和规模向前迈进。在博学者群体智力叠加组合的赋能之下，这些群体自身也配备了现代化的工具。这种强大动力产生的综合效应帮助我们克服了人类的诸多局限。数字通信和互联网搜索本身就是博学者群聚的产物，它们使这些群体的规模得以扩大，并使知识的汇集远远超出了以往人类所能企及的高度。

当然，这种增幅也有限度。无论我们如何对那些旨在将我们带入新领域的载具加以优化设计，也无论我们如何将众多天才组织起来开展工作，生物性限制和人类自身的缺陷都在继续制约着我们的能力：我们的生命有限，我们需要睡眠，我们容易疲倦，我们需要休息和喘息。即使在工作中，大多数人一次也只能专注于一项任务。

想想看，在 19 世纪末和 20 世纪初，托马斯·爱迪生——他本身就是一个博学者，与特斯拉可谓棋逢对手——花了近三

---

① 寒武纪大爆发是地球生命史上一个极为重要的事件，其特点是在相对短暂的地质时间尺度内，地球上的生命形式经历了前所未有的快速多样化过程。此处喻指应用科学在 20 世纪的爆炸式发展过程。——译者注

年时间进行了数千次实验，才研制出一盏"实用的白炽灯"。诚然，爱迪生那时在一定程度上曾因改进亚历山大·格雷厄姆·贝尔发明的电话而有所分心，但即使在许多助手的支持下，他对灯泡的探索也需付出非同一般的努力。直到今天，许多尖端技术的研究和开发仍然耗资巨大、耗时漫长，而且在政治上和心理上都让人望而却步。由于结果是如此不确定，对剩余物理世界边界的探索——太空、深海、地球内部的地壳——仍只是最成功的公司和最富有的政府才能胜任的项目。

当然，正是这些不利因素的存在，使得探索仍然具有意义，甚至被视为奇迹。

物理学家约翰·冯·诺依曼在后世被视为最后一位伟大的博学者，他被英国《金融时报》评为"世纪风云人物"，因为他体现了 20 世纪特有的自信，即相信思维的力量能够"驾驭和驯服物理世界"。[14] 事实上，冯·诺依曼虽将巨大精力投入到数学理论和原子弹等核心问题上，但他最关键的创造还是计算机：这既是 20 世纪的最后一次重大突破，也可能是人类不得不"独自"构思和制造的最后几项发明之一。

凭借冯·诺依曼这样杰出的智者，人类在扩展自身智力领域的历程中可能已经达到了非增强型人类智能的上限。博学的通才尤为罕见，因为通常情况下，掌握一个领域的基础知识已耗时长久，以至于任何一个有志于成为博学者的人在掌握了该领域的基础知识之后，就没有时间再去学习另一个领域的知识了，而且局限于单个领域还有可能令其丧失创造性思维的能力。如今，创新似乎越来越多地来自团队，而不是任何一个拥有卓越跨学科洞察力的天才。

然而，将从多个个体的头脑中获得的知识加以整合仍然是一个困难的过程。甚至在明星知识分子中，或者说尤其在这些人之中，随着参与合作者的数量增加，其彼此间的协同交流也会遇到阻碍。

相比之下，人工智能将成为终极的博学者。在探索人类知识领域的前沿时，它能够以惊人的速度处理和生成海量信息的表征。它能够同时评估无数维度和领域的模式，从而创建出前所未有的连通性。它的高效率使其得以超越人类探索发现的局限性，用美国社会生物学家 E. O. 威尔逊的话来说，它甚至有望成功地将为数众多的智力追求融合成一个新的"知识统合体"（unity of knowledge）。[15]

正如启蒙运动时期的博学者所取得的成就有赖于信息的互联一样，机器学习的最新进展也得益于庞大的数据规模——集体智慧，而当今的人工智能不仅使之成为可能，还令其唾手可得。

如果将这个类比再往前推一步，也许我们就不难理解，人工智能技术的最新进展不是依靠一个大型程序来单独完成工作，而是将多个小型程序的结论综合起来，形成所谓的"专家混合体"。我们预测，这种博学者通过集群来产生能力增幅的情形在日后将屡见不鲜。

到目前为止，人类的整体探索仍然受制于身处前沿人员的数量和素质。我们只有几千名身体力行的先驱，而博学者还要少得多。因此，人工智能有望在现实世界和智力探索领域掀起一场革命。正如我们所指出的，人工智能缺乏恐惧和羞耻感，因此会毫不犹豫地听从命令，奔赴前沿。此外，人工智能不仅有能力探索以千米为计量单位的外太空，也能够探究以纳米来衡量的人体内部生命机理，它对现实的探索明显不受主观经验或体力的限制，也不受人类智力或感官的限制。当涉及物理现实时，机器的探索也不会要求我们为这项事业牺牲生命；相反，它要求我们为此付出的时间可能少得多，也就是说，只需计算人类为维持其可用而花费的时间即可，至于机器自行探索的时间则不在衡量之列。

在未来，任何一个社会的主要约束可能不再是它能汇集多少有才华的"博学者"个体来为科学进步提供微不足道的、有时甚至还彼此不一致的动力。人类的潜力将不再受限于我们之中涌现的麦哲伦或特斯拉这种天才的数量。世界上最强大的国家也不再是拥有最多爱因斯坦和奥本海默这类人才的国家，而是只要这个国家能够创造出人工智能并充分利用其潜力即可。这就可能令衡量国家实力的主要标准发生范式转变。几个世纪以来，这一标准已从领土转变为资源，后又转变为资本，再到人力资本——现在，也许将转变为算力资本。

此外，学习型机器完全可能成为自我改进的机器。计算机以一种与以往任何机器都截然不同的方式放大了人类心智的力量，并在问世几十年后促进了人工智能的突破，那么人类作为博学者的最后一项发明，是否会因为最终取代了自身的发明者而被历史铭记呢？

第三次大发现时代

从人工智能的角度来看，人类积累的知识就像是分布在一望无际的海洋之上的火山岛所组成的群岛。在这个想象的情境之中，每个岛屿的地理中心都由一座火山山峰构成：随着观察者的视角从山峰向下朝向海面，知识的确定性逐渐减弱，对其的信心也逐渐下降，直至到达海边。[16]

假设为了在真实世界中演绎这一想象图景，我们从海洋中抽走了足够数量的水，那么人们就会立即看到迄今为止人眼不可见的巨大的水下地形拓扑结构；岛屿不再像海洋中漂浮的自由陆地那样凭空浮现，而更像是巨大的水下山脉或火山露出海平面的尖端部分，它们从海底基座上耸立而起，高度刚好可以冲破海平面。

如果在这幅图景中，每座岛屿都代表人类理解的一门学科，那么将每座岛屿与另一座岛屿分隔开来的水域，则代表着仍有待我们去发掘的不完整的联系。为了将我们对宇宙的理解提升为一个潜在的连贯整体，这种联系是必不可少的。尽管我们对当下现实"土地"的描摹会暂时带来一种脚踏实地的安心感，但我们对自身立足岛屿在水面之下或远离岛屿的事物却知之甚少。而人工智能可以改变这一点。

以物理学领域为例，这是最典型的科学范例。如果说艾萨克·牛顿调和了天体和地球世界的定律，如果说迈克尔·法拉第和詹姆斯·克拉克·麦克斯韦在电学、磁学和光学方面也做了同样的工作，那么人们至今仍在继续寻找一种"大统一理论"，以调和两种各自独立、互不兼容的理论，这两种理论各自争相从现实的宏观与微观两端解释我们的存在。它们分别是宇宙理论（广义相对论）和亚原子理论（量子力学）。

人工智能可能最终会给这些看似迥异的理解领域带来秩序和结构，并在此过程中揭示出遗传学和语言学、宇宙学和心理学等领域之间的相互联系（就好比这些领域是彼此有着相同底层结构相连的群岛）。人工智能甚至可能有助于调和看似互不相容的思想流派或信仰体系之间的分歧。

在许多学科中，我们已经发现了大量的"近似事实"（possible truth），尽管它们实际为真的概率很低。在人类认知组成的"群岛"中，这些"近似事实"就像是沿着岛屿海岸线排布的小点：人类对它们虽不是无知，但也未必真正了解。人们可以将人工智能导入这些沿着海岸线分布的探询区域，准确判断出对这些区域加以进一步探索的最有成效的途径。通过快速连续地选择、测试、逆转和重新选择，它可以评估数百万种可能选择的效果。

正是通过这种方法（我们将在第五章中进一步探讨），谷歌的 DeepMind 实验室不仅让人工智能掌握了人类所熟悉的中国古代棋类游戏围棋，还在机器可向人类展示的知识范围内，增加了人类对围棋的了解。早期的国际象棋类程序通常依赖于蛮力计算，与之相比，AlphaGo（阿尔法围棋）则已根据先前的 3000 万步棋对自己进行了预先"训练"，并以此展示了机器的抽象推理能力。[17]

从这个意义上说，机器的训练类似于哲学博士生的思维"训练"：后一种情况是一个通过多年的强化学习逐步建立思考和推理能力的过程。DeepMind 的系统就像一个学生经过多年的学习后，在论文答辩时回答问题一样，"训练"自己超越之前所接触的学识，并从更抽象和更高层次的教导中，得出它所推断出的最有可能获胜的棋步。有些时候，人工智能模型确实成功地选择了人类在历时 4000 年的无数棋局中从未尝试过的棋步——这可能只是因为，人类的思维似乎仅限于一次操纵 4 个独立变量，但人工智能却能同时从无数个维度做出无数个概率判断。[18] 因此，人工智能获得了原创性的想法，并首次将它们带入人类经验的范畴。

当人类用户对人工智能模型进行问询，例如，在 ChatGPT 中输入一个问题时，不仅仅是要求它像传统搜索引擎那样检索一个信息点，而且是要求它综合多个信息点，并在此基础上得出结论。它在多个方向和多个维度并举，在高维空间中生成信息表征，涉及无数领域和子领域内部与之间的关系，并从这些复杂的网络表征中得出结论。

在回答我们的问题时，人工智能的"大型语言模型"具有看似超人的能力和速度，这些模型是在大量数据上进行预训练而成的。由于其给出答案的准确性之高，令我们对人类本就支持的各种事实的信心也愈加牢靠，这些模型便产生了越来越详细的原先位于认知海平面以下的深层信息。

人工智能对新知识的积累不仅可能以极快的速度进行，还可能以开辟一系列额外探索的方式展开。在弈棋过程中，AlphaGo 倾向于采用具有特别开放性的解法。因此，在训练过程中，一些人工智能模型可能会偏向于提供多种选项的高潜力区域，从而实现快速灵活的探索。

人类可能很难适应这种新的人工智能探索模式。其间最严峻的挑战将涉及这种探索是否反映，以及如何反映我们自身对现实和人类目的的认知，抑或对此有所违背。人类可能会尝试制造某种"载具"，以便在我们指示人工智能去创造露出海面的新知识岛屿时能够亦步亦趋，随同登陆。或者，我们可以为自己配备"工业设备"，并凭此以人类更为适应的速度，慢慢地从海底挖出沉积物，从而将代表我们理解范围的小小礁岩逐步扩大。又或者，我们最终会确信，以后再也不必亲自踏上我们自己所立足之处以外的陆地了，一切交给人工智能便好。

此外，人工智能还面临着控制不当的挑战，它可能以破坏性的方式积累知识。它的探索方法可能会像最初形成我们所立足家园的火山喷发事件一样猛烈。让我们继续沿用岛屿的比喻：人工智能可能会令我们所立足岛屿的火山再一次喷发，这一过程会大大扩展岛屿的面积，但会毁掉先前的知识积累。它甚至可能使海底巨大的板块断裂，这些板块间的碰撞可能会使新的知识山脉浮出水面。然而，由于这些知识与我们自身的经验脱节，其可能会反过来引发一场认知风暴，从而不可避免地将我们引向对现实更全面——尽管可能并不是我们所愿见——的理解。

另一方面，如果人工智能的发展与我们的目标一致，那么，就像之前计算机的发展一样，这将成为一项人类使命，并且可以促进其他人类使命的发展。这将把人工智能提升到宇宙中至高力量的地位，或者至少是一种与之同等的力量。下个世纪的大多数重大发现之中，将有相当部分，甚至全部由人工智能做出。果真如此的话，我们人类可能会回过头来意识到，与那些至今隐藏在海平面下的可能性山脉群峰相比，我们在过去几千年里所开辟的那些知识岛屿是多么渺小可怜。

大脑

第二章

人们提出了许多类比，以便对人工智能的到来及其意义加以解释、澄清和情境化。人类学家将其比作火或电。将军和外交官则把人工智能比作原子能，或是像俾斯麦所体现的那种不可阻挡、不可征服的人类意志力。天文学家将其描述为类似于小行星的撞击——一种遥远且发生概率很低的预言，人类可能会围绕其组织行星防御——或者外星生命的发现。经济学家将人工智能比作官僚机构和市场，而国家和社会的领导人则将其与印刷机或公司的出现相提并论——后者甚至逐渐拥有了自己的意志，并在发展早期占领了南亚次大陆，当时世界还没有认识到它与现有权力结构的不相容性和对其的潜在支配力。[1]

今天，本书作者的观点却并非如此：任何创新，无论多么深刻，都无法与我们在构建智能时追求的最初灵感和（我们所认为的）当前目标——创造比地球上任何人类都更为强大的智能——相提并论。[2]

对于我们目前的处境，有两种考量方式。第一种是对熟悉事物的类比。迄今为止，人类最具变革性的技术都增强或放大了人类的身体功能。轮子减轻了行动不便带来的疲惫，而各种类型的发动机则缓解了肌肉撕裂带来的痛苦。X射线、放大镜和灯泡拓展了可观察现实的极限，令我们超越了自然视力的局限，就像电话以我们的喉咙无法实现的方式增大了我们的声音一样。人类功能的所有方面都在某种程度上被我们创造的机器以无机方式增强、锐化或强化了。那么，人工智能只是人类能力的另一种延伸吗？

第二种思路则暗示，这次的情况有所不同——人工智能具有某些人类能力所无法涵盖的独特方面。通过在短短几十年内制造出等同于进化数千年来所产生的存在，也就是大脑，我们蓦然发现，这已是最后一个需要借助人类之手进行无机复制或再创造的器官。

速度

在上一章，我们指出了人工智能机器的"训练"与哲学博士生的思维训练之间的相似之处。这个例子可以延伸得更广。简而言之，机器智能的形成与人类大脑从青春期到成年期的生物学成熟过程类似。

学生在中学阶段学习核心科目的基础知识，建立起基本的世界观。这种世界观可能不是特别先进，也并非始终正确，机器也是这样。机器和人类一样，通过吸收信息并将其转化为理论以供后续实践的方式来进行学习。当机器学习时，算法会抓取大量数据（这些数据来自开放的互联网，或是由其他私人提供的更具体的数据），然后将结果整理成压缩精简的概念映射，以供未来使用。正如人类的生物机制将感官输入映射到连接大脑处理单元网络的神经"权重"上一样，机器同样需要逐步加强自身的计算权重。

神经网络就像某些高中生，可能很懒。在训练的早期阶段，人工智能将做最低限度的工作——只记住答案而非实际学习。面对"2+2等于几"这样的问题，模型一开始可能会在没有掌握加法基本原理的情况下，就将答案编码为"4"。但很快地，当越过了某个临界点，这种方法就会崩溃，并迫使机器像人类一样抽象升华出更普遍的知识公理。

这正是人工智能与普通计算机的主要区别：它对世界的映射不是通过编程得来的，而是学习出来的。在传统的软件编程中，人类创建的算法指导机器如何将一组输入转化为一组输出。相比之下，在机器学习中，人类创建的算法只告诉机器如何改进自己，并允许机器自己设计输入到输出转换的映射。当机器从之前无数次的尝试、失败和调整中"学习"时，它就会升级自己的算法，以迭代方式对其在数据中"洞察到"的模式和联系的内部映射进行重新设计。

人类训练师会定期向机器反馈其输出结果的准确性和质量。

机器通过"反向传播"的方式将他们的修正意见内化：这种技术能让训练师的修改效果通过机器已经创建的数学关系反向传播，从而改进整个模型。

然而，对于任何给定的模型，人类只能对一小部分可能的输入和输出提供反馈。当模型在大量的训练测试中达到一定水平后，其开发人员就会相信，模型所建立的映射关系将对所有输入（即使是意外输入）产生稳妥而准确的响应，而且成功的概率很高。

在上述每一种方式中，人工智能都已经在扩展——且将进一步扩展——人类的知识领域。但是，它是通过我们并不完全了解的过程来做到这一点的，而我们也将由此产生的知识视为真实来加以接受。

一般的美国学生要从高中毕业需要四年时间，而今天的人工智能模型可以在四天内轻松地学习完同样数量的知识，甚至更多。因此，速度已被证明是人工智能区别于人类形态和思维能力的核心属性。

尽管人脑拥有高度的并行性，即同时处理不同类型刺激的能力，但受限于生物回路的工作速度，人脑的信息处理速度很慢。如果用与计算机相同的性能指标——"时钟频率"或处理速度——来分析人脑回路，那么人工智能超级计算机的平均处理速度已经是人脑处理速度的1.2亿倍。

诚然，速度并不是标称智力的有力指标；极其蠢笨之人也能快速思考。不过，比人脑更快的处理速度带来了两个好处：摄取更多的信息，同时处理更多的请求。人类大脑的大部分通常处于"自动驾驶状态"，即被动地满足人体内部的需求，引导我们的心脏跳动和四肢运动，只有在这种自动驾驶出现故障时才进行干预调整。相比之下，人工智能所能达到的速度使其能够以程序化的方式显现强大的能力，进而解出那些相比目前人脑所能解决问题而言更高级、更困难和更宏大的问题。

一旦人类和机器都完成了各自的智力训练，理论上就都具备了"思考"能力，或者用相应的专业术语来说，具备了"推理"能力。在面试、争论或约会的过程中，一个经历了学生阶段训练的毕业生会在行动时借鉴自己所受的教育和以往的经验。我们之所以能做到这一点，并不是靠死记硬背严谨的公式、个别的事实和准确的数字，而是通过对所学知识进行更深层次的思考和反省。人类的大脑从来就不是为了完美记忆信息而存在的，大多数人的大脑也不具备这样的能力。在经历无数的课程、论文和考试之后，我们应该掌握的是更深层、更持久的概念，而这些概念正是上述教学工具所要揭示的：天文学的奥妙、充斥着野心的悲剧，以及革命的必要性（或非必要性）。

人工智能也是如此。当一个模型完成训练开始运行后，它就不再需要访问训练时使用的原始数据。相反，它只留下一个粗略的指导性直觉，这个直觉是从它所获得的知识中拼凑起来的，用于回答问题、挑战推理和做出预测。就像人类不会随身携带资料库一样，人工智能模型同样是在推断而非回忆。所不同的是，人工智能的速度之快令其可以在更广泛、更深层次的学习信息中进行推理，这是人类所无法企及的。

为此，人工智能模型即使是回答一个简单的问题，也可能执行数十亿次复杂的技术操作。传统计算机只是检索存储在其内存中的特定信息——因为它无法得出内存中不存在的结论——而人工智能则以趋同于人脑的方向进行计算。正如人类学习是为了思考，机器接受训练也是为了推理。没有前者，就不会有后者。

无论是对于人类还是机器来说，前一阶段都是强度更大的过程，且无论是花费的时间，还是所需的资源数量，都是如此。培养一名博士后可能要花上20年甚至更久的时间，才能让其有能力在两天内就一个给定的主题写出一篇思虑周详的文章。类似地，训练最大型的人工智能模型可能需要数月时间，但由此产生的推理却只需要几分之一秒。

如今的人工智能系统已经能够针对人类的询问给出显然具有说服力且经过深思熟虑的答案。在其最新的以及未来的迭代中，它们将全力以赴，以超越任何人类或任何人类群体能力的敏捷性跨越多个知识领域。对人工智能来说，规模（从大小的意义上来说）可以实现速度；正如前文所述，机器规模越大、训练得越彻底，其给出的结果就越快捷、越详尽。更重要的是，通过在数据中识别人类操作员无法识别的模式，人工智能系统将具备把传统的知识表达方式提炼为原创回应的能力，并从海量数据中锻造出新的概念真理。

这就引发了一个问题，或者说不止一个问题。

不透明度

我们是如何了解我们所知的宇宙运行规律的？我们又是如何知道我们所知的都是真实的？

在大多数知识领域，自从坚持以实验作为证明标准的科学方法问世以来，任何没有证据支持的信息都被视为不完整和不可信的。只有透明度、可重复性和逻辑验证才能赋予事实主张合法性。在这一框架的影响下，近几个世纪以来，人类的知识、理解力和生产力都得到了巨大的发展，而计算机和机器学习的发明则标志其发展达到了顶峰。

然而，在今天这个人工智能时代，我们面临着一个特别严峻的新挑战：信息无法提供相应解释。如上所述，人工智能的回应可以是对复杂概念的高度清晰和连贯的描述，而且这种描述是即时做出的。机器输出的信息是最基本的和未经修饰的，没有明显的偏见或动机，但也没有附上任何引用来源或其他理由。然而，尽管任何给定答案都缺乏相应理由，但早期的人工智能系统已经让人类对它那些只此一家、别无分店，如同神谕般的声明产生了令人难以置信的信任和依赖。随着它们的发展，这些新的"大脑"可能不仅看似权威，而且确实无懈可击。

虽然人类的反馈有助于人工智能机器完善其内部算法，但负责检测训练数据中的模式并为其分配权重的主要还是机器。一旦一个模型训练完成，机器也不会公布其所炮制的内部数学模式。因此，机器所生成的现实表征在很大程度上仍是不透明的，甚至对其发明者来说也是如此。如今，人类主要试图通过单独检查输出结果来确保这些机器模型的完整性。但机器的内部运作在很大程度上仍然是不可捉摸的，因此，有些人工智能系统被称为"黑盒子"。尽管一些研究人员正试图将这些复杂模型的输出逆向工程化为人们熟悉的算法，但目前尚不清楚他们能否成功。

简而言之，通过机器学习训练出来的模型可以让人类认识到新事物（模型的输出结果），却无法让其理解这些发现是如何产生的（模型的内部过程）。这就将人类的"知识"与人类的"理解"分离开来，这种体验对人类的任何其他时代而言都是陌生的。现代意义上的人类统觉① 是从直觉和结果发展而来的，这些直觉和结果则来自有意识的主观经验、个人的逻辑检验以及重现结果的能力。这些知识方法反过来又源于一种典型的人文主义冲动："如果我无法对某事身体力行，那么我就无法理解它；而如果我无法理解它，那么我就不能知道它是真的。"

在启蒙时代出现的这套框架中，这些核心要素——人类个体能力、主观理解力和客观事实——都是彼此协同的。相比之下，人工智能产生的事实却是通过人类无法复制的过程制造出来的。机器推理不是通过人类的方法进行的，它超越了人类的主观经验，也超出了人类的能力范围，人类甚至无法完全呈现机器的内部过程。

---

① 统觉，指对当前事物的感受与过去的知识和经验相联系、融合，从而更清晰地提高对事物的理解的一种心理活动。——译者注

根据启蒙运动给出的推理，上述事实将使我们不接受机器输出的真实性。然而，我们——至少是数百万已经开始接触早期人工智能系统的人——俨然已接受了它们绝大多数输出结果的真实性。[3]当然，一些高级用户可能确实理解机器学习的元过程；但对大多数人来说，人类对机器输出结果客观真实性的信心必须建立在一种信仰之上，这种信仰表现为一厢情愿地相信机器的逻辑和开发者的权威。

这种信仰作为一种追求客观真实的公认方法的显现，本身就标志着现代人类思想的重大变革。因为，虽然人工智能模型不能"理解"人类意义上的世界——因为机器显然没有意识或主体性——但人工智能具备通过非人类手段精确认知我们这个世界的客观能力。这不仅打破了我们对过去500年人类孜孜以求的科学方法的依赖，还挑战了人类声称只有自己才真正了解现实，或人类对现实的了解独一无二的说法。

这可能意味着什么？人工智能时代会不会不仅不能推动人类向前迈进，反而会让人类加速倒退回前现代社会接受不加解释的权威的日子？简而言之，我们是不是正濒临或者也许会濒临人类认知大倒退的悬崖边缘——一种黑暗启蒙？

多样性

不同的实体以不同的尺度来衡量时间。在地质时间尺度上，整个人类的存在就像地球长达 45 亿年跨度末尾的一小段突进。如果人类的发展以地质学的速度进行，我们只会感到停滞不前。相反，作为一个缺乏耐心、自视甚高的物种，我们定义了自己的进化速度。地质上的"年龄"以数千年为单位，而人类的"年龄"则以区区一两个世纪为单位。

人工智能可能会基于一种人工或技术的时间尺度，以自己独特的衡量方式运行。人工智能的整个历史不过 70 年。正如人类普遍认为寒武纪大爆发之前的数亿年是一个无比漫长的空白期，然后动物生命和进化进程才突然迎来爆发一样，人工智能很可能会将 1950—2010 年这 60 年描述为一个类似的缓慢、模糊的虚无期，只是到了最后 10 年才被生命的曙光照亮。

从社会和生物学角度来看，人类的一个世代大约持续 25 年。

相比之下，人工智能以非人的速度发展；它的世代更短，只需十分之一的时间就能实现飞跃。因此，我们应该预料到，在人类尺度时间里感觉像是一场革命的东西，在技术尺度时间里却只不过是一场进化。较新的人工智能模型——与先前版本只相隔几个月——可以对越来越多的开放性提示做出回应，为达到给定的目标而做出更多的选择，并在越来越多的模式中采取行动。

因此，人工智能时代——在人类的时间里，也许是一百年——可以被更精确地分割标记为"多个"不同时代，更进一步讲，根据技术时间尺度，人工智能时代甚至包含了数百个世代。

人工智能的快速进化是一个多面性的挑战，而且在很大程度上尚未得到重视。人类以前从未经历过如此巨大的时间压缩，也从未为此做好准备。这种变化的速度之快，无疑带来了文化和心理上的迷失。随着新技术对日常生活的影响不断深化和复杂化，要确定任何一种应用到底是危机之源，还是令人欣慰的进步之兆，都将变得更加复杂难解。

要在现实世界中厘清这些彼此纠缠的问题将变得越来越困难，因为人工智能的多样性会带来多种难以捉摸的影响。此外，随着人工智能变得越发强大，未来其很可能会出现重大进化和多样化。只要不对机器学习的新基础架构和新技术加以限制，一代又一代的人工智能将层出不穷，其多样性、广泛性、能力和复杂性也会与日俱增。就像电能不仅能点亮灯泡一样，人工智能也将有多种用途。且正如产生电的方法有很多种——摩擦、传导、感应——我们可能也会发现多种创建人工智能的方法。

例如，催生人工智能最新进步的基础架构被称为"变换器"（transformer）。它允许机器同时考虑多个词语之间的联系。通俗而言，以前的结构是一个词一个词地读取，只捕获词 1 和词 2 之间的联系，然后再分别捕获词 2 和词 3 之间的联系，而变换器可以让模型同时捕获整个句子以及句子中每个词之间的联系。通过创建并利用所有联系的数学表征，人工智能就能预测出最佳响应。

变换器的功能是人们始料未及的，其成功具有高度可推广性，且几乎是偶然而得的。[4] 变换器未必就是唯一能产生意料之外功能的基础架构。随着更多富有成果的研究途径的出现，人工智能的产出将迅速提高，以更低的成本和更快的速度沿着不同的物理与数学逻辑路线成倍增长。

因此，在进化速度和多样化方面，人工智能的发展将如同一场寒武纪大爆发：在相对于前一个纪元而言极其短暂的单一时间段内，多种不同形式的生命喷涌而出。如果这一猜想是正确的，那么机器智能将扩展其分支范围，形成一个快速进化的属，甚至是一个科，其由许多不同的人工智能组成，各自以许多不同的逻辑形式运行。因此，人工智能可能会提供一个关于多样性的最显著实例，这种多样性正是源自微小变化在整体上的反复迭代：这是对有机生命世界的数字重演。正如达尔文所写："无数最美丽与最奇异的类型，即是从如此简单的开端演化而来。"[5]

尺度和分辨率

理性时代可能已经将人类带到了自身所能理解世界的边缘。爱因斯坦物理学和量子力学的提出，是人类进入未知领域的冒险开端，但这场冒险依然未竟：世界可能有自己的知识规则，不能通过运用感知来体验，而只能通过理论构思来理解。量子力学描述的是微观尺度上的世界，正如哈佛大学物理学家格雷格·凯斯汀所说，在微观尺度上，"没有什么是可预测的，物体在被观测到之前也没有精确的位置"；广义相对论描述的则是宇宙尺度上的世界，在这个尺度上，一切都是可预测的，无论其"是否"被观测到。[6]两种理论都没有失败，但不可能两者皆为真，而且"还没有实验能够证明这两种理论中的哪一种"占据主导地位。

具有讽刺意味的是，这种不确定性正是现代世界的基础。量子物理学促成了计算机革命等革命。人工智能在当下和将来也会如此。它已经通过我们尚未完全理解的机制产生了洞察力并改变了现实。很快，它还将致力于探索人类愈加无法理解的科学。

历时 300 年的理性时代尽管取得了巨大的成功，如今却已停滞不前——我们在物理统一理论方面明显的一筹莫展就是明证。在相对论宇宙世界和量子世界的核心理论概念提出一个多世纪之后，人类科学愈加显得彷徨无措。我们在这个时代所体验到的焦虑和挣扎只是一个迹象，表明人类智力可能已接近某种生物极限。

由于其独特的探究和学习方法，人工智能将能够在规模（"尺度"）和精度（"分辨率"）方面取得非人的成就，从而引发根本性变革，这种变革与任何其他人类发明所引发的或源于人类物种本身的变革均不相同。然而，人工智能能否在人类现实的宏观和微观两端实现调和，用迄今为止人类经验完全陌生的方法引发一场感知革命？

人类大脑的物理规模是由我们的解剖结构决定的。人类的大脑必须置于人类的头骨里，而人类婴儿的头骨必须大体上适合通过女性的产道。如果大脑小一点，这样的人类的认知能力就会处于劣势；可如果再大一点，婴儿或他们的母亲就可能无法在分娩过程中存活下来。其他生理上的限制也会对大脑的重量造成实际限制。除非借助剖宫产或将来的人造子宫，才有可能突破这种限制，这意味着人类已经达到了某种进化平衡态。

对人工智能来说，今天的模型所具备的能力是在其创建之初未曾预料到的。迄今为止，应用于人工智能的标度律（scaling law，比如，在一个较古老的例子中，支配物体长度与面积之间关系的定律）似乎是正确的，但我们并不知道，参数数量呈指数级增长的模型究竟能实现什么，因为我们还没有找到某些能力会在特定的幂和复杂度下出现的科学原因。

在动物界，大脑大小相对于身体大小的比例与智力并没有明显的相关性——海豚、大象和一些鲸类的大脑都比人脑大得多。不过早期科学确实表明，规模在其中发挥了某种作用，而我们对此尚不了解。

鉴于我们所受的生理限制，人类不太可能测试自己大脑的标度律。但是，人工智能来到世上时并没有预设的物理尺寸。它不受任何可识别规模的物理载体的约束。芯片和数据中心——人工智能模型的物理宿主——可以集群和连接，且目前尚无可观察到的限制。换句话说，人工智能必将经受标度律的考验，而人类从未经受过这种考验。随着这一测试的进行，规模——在整个科学思想史上一直限制人类理解范围的要素——可能会成为区分人类大脑和人工智能模型的主要因素。

规模带来的主要副作用之一是分辨率。长期以来，人类一直希望将我们的观察范围扩大到极小和极远之处。显微镜和望远镜是人类观察的典型工具。而不起眼的笔却鲜有人理会。这种 4000 年前发明的书写工具至今仍然是编纂和传递复杂性的杰出工具。其中就包括数学，它也许是最纯粹、最通用的人类语言，其本身就足以促进深奥思想的传递和技术项目的合作。以字节为单位计算的话，以各种优美形式呈现的语言都有着异常密集的数据结构——这是迄今发明的最有效的数据结构。

即使在我们对现实进行尺度缩放以产生可观察到的信息之后，人类还必须执行第二步：我们必须从原始信息中进行抽象，以使这些信息变得有用。如今的人工智能也是如此。它们使用的工具与我们的如出一辙：由 0 和 1 组成的二进制字符串，将人类记录的经验转化为计算机语言。如果回过头来看，这些语言字符串就像人类的书写一样显得非常简陋。然而，它们实现了视觉和听觉的数字化呈现，而这些可是人类最高带宽的感官。

尽管有这些相似之处，人工智能仍将与人类分道扬镳。随着人工智能规模的扩大，它将能够同时处理更大量的信息，并产生有用的分析（至少对其自身而言有用），而无须对精细度造成不必要的牺牲。凭借人工智能训练所依据的数据规模，结合其网络的复杂性及其操作符号的密度，在其学习和推理过程中似乎能产生前所未有的分辨率，并最终产生输出结果。人工智能起初是在互联网文本（人类的"世界图书馆"[①]和我们压缩经验的去中心化网络）上训练出来的，而在它问世之后，无论是在宇宙意义上，还是在微观意义上，都有可能转而为人类解锁关于我们自身的全新知识——这可谓是一个优雅的反转。

动物界

此时此刻，一些人无疑会对任何将人工智能与人类大脑相提

---

① 世界图书馆又称"通用图书馆"或"寰宇图书馆"，指的是一个理想化的、包含所有可能书籍或信息，涵盖所有已知和未知知识的图书馆。——译者注

并论的做法加以抨击。对人类来说，概念具有丰富的内涵，是表达喜怒哀乐的深层载体。相比之下，机器对概念的理解似乎是虚假的。虽然人工智能可能很快就能基于人性的共同主题创作出雄辩的作品，甚至让最优秀的人类作家也黯然失色，但它并不会思索或把握随之而来的意义。因此，通过对人类作家所用的语言进行逆向工程来探索人类处境的做法，充其量只是对语言概率冷冰冰的肤浅掌握罢了。而一些随机的复杂引擎竟然可以将语言——人类与生俱来的天赋——用作摄取信息的超高效手段，这既令人不安，又令人困惑。

但是，我们自身的生物回路可能与硅电路一样机械，我们人类大脑的工作过程似乎也并不比机器已有的运作方式更特殊。我们所掌握的神经科学理论还远称不上完备，但我们确实知道，我们的大脑和人工智能模型一样，在很大程度上是由预测处理驱动的。也就是说，在聆听或阅读时，我们的大脑包含一个神经预测器，通过预测语言串中的下一个词来为相应行为提供帮助。如果没有这样的机制，即使是最简单的认知任务，也会让我们因耗费大量精力而身心俱疲。

正是这些与人工智能相类似的预测能力，为我们人类掌握自身世界奠定了基础。人类所有最先进的知识表征都建立在语言和符号之上，让我们既能重现复杂的工程作品，又能传达心碎的痛苦感受。

人工智能可以被比作柏拉图洞穴中的终生囚徒，后者对其他任何事情都一无所知，却认为投射在洞壁上的影子就是现实的全部。[7] 正因如此，人类会假定机器没有上下文情境认知，机器的感知受限于它所接受训练的材料的范围，没有任何进一步探究或推断的能力。

也许正是因为这种自负，我们才无法窥见有机大脑和无机大脑间的相似之处，也不愿承认后者所具备的能力是可能的。人工智能系统已经显示出了感知宇宙的能力，而这种感知已超越了用于构建其自定义现实切片的数据集的限制。总而言之，人工智能可能有能力接受更深层次的含义，即使它们并不寻求这种含义。只需要一个有进取心的"囚徒"偶然推理出"壁上的影子可能代表了一个更大的世界，那个世界具有更高的维度"就足够了。

考虑到这些新智能体所展现的速度、复杂性、多样性、规模和分辨率，如果出现这样的突破也不足为奇。然而，这种突破可能具有巨大的破坏性。人工智能所独有的、人类以往所不具备的知识——尤其是物质世界的知识——的涌现，将迫使人们重新思考人类心智的相对地位。人类将不得不把自己的大脑置于一套新的、更连贯的智能体谱系内，而这势必将彻底改变我们的感知、自我认知和行为。

这并不是说，人工智能的智力将完全超过所有人类且这一情境立即就会发生。但在人工智能进化的某些阶段，机械智能可能会让人感到其与动物智能惊人地相似。当我们试图以此重组长期以来根深蒂固的生物等级体系，即智能从人类到动物再到机器依次降低的序列时，一场令人迷失方向的争论必将随之而来。人类的智能将迫切需要面对这样一个现实：它不再是唯一的智能模式，甚至也不再是最优越的。

人工智能模型已经被用于帮助人类解读动物的交流，并对这种交流做出回应。一些对动物所发出高音调咔嗒声和嚎叫声进行解码的早期实验正促使我们修正长期以来的偏见，即认为人类与其他动物物种相比是特殊的，或截然不同的。借由人工智能，人类和动物能够直接交流——不再仅仅是通过肢体语言或面部表情——这可能会为我们带来全新的认识，让我们准备好面对人工智能的到来。

动物—人类—机器的交流将产生一个复杂的三方谈判。在我们的世界里，新老玩家将为了获得新的地位或保持现有地位而争斗不休。机器可能会争辩说，最正确的分类方法是将今天的人类和动物归为一类，因为两者都是进化所产生的"碳系统"（carbon system），而不同于工程学产生的"硅系统"（silicon system）。机器可能很难（在数字意义上）确信以下观点：以任何衡量标准来看，人类都优于动物。如果这不是悲剧之兆，那就堪称喜剧素材了。

任何智能体——无论是生物的还是机械的——要达到怎样的智能，才能获得与我们同等的认可？那些智力相比我们较低但仍算很高的动物，如果能够阐明它们的生存条件并与我们协商，可能会让我们重新评估我们对待它们的方式。它们可能理应得到——且让我们相信它们理应得到——一种独特的、迄今尚未得到承认的生存权或独立权。

正如现在经常提倡的平等对待动物的做法，一些人可能会提倡对人类和人工智能的相同待遇标准。事实上，即使逻辑在这方面将我们带入一个微妙的境地，人类也不应该任由自己陷入道德滑坡。但人们也必须意识到，这一阶段可能会稍纵即逝，然后对人工智能的怜悯之情就会让位于恐慌之心。

双重悖论

我们笃信，人工智能将在速度、多样性、规模和分辨率方面超越人脑，并重组人类迄今构建的智能等级体系。至于我们可能会在多大程度上因这一变化而迷失方向并感到自卑，可能取决于一个相对较小的细节：人工智能的结构是否继续保持与人类大脑相似。

一些人工智能研究人员认为，近似人脑是机器智能发展的最佳途径。[8] 这里需要指出的是，毕竟人类的大脑是"唯一现存的证据"，证明这种智能是可能的。[9] 但更有可能的发展途径是多种人工智能及其要素的混合，加上一些额外的创新和结构，其中的一些灵感来自大脑，另一些则来自不同的设计。

在人类大脑中，深度抽象思维和创造力似乎需要用到额外的神经系统，而不是普通功能所需的神经系统。这门科学仍处于萌芽阶段，但人工智能也有可能需要类似的层级和附加功能来完成越来越高级的推理任务。

诚然，如果人工智能的发展能够继续通过刻意设计或偶然的方式反映与人脑的某种近似性，那么从理论上讲，人类确实可以在机器所取得的成就中看到自身卓越与意义的体现和延展。但是，如果我们希望制造出一种性能大大超过人脑的机器，那么背离其原始蓝图难道不是最终的必然选择吗？飞机的设计灵感来自鸟类，但并不是为了模仿鸟类，因此，现代喷气式飞机的性能才让迄今曾在天空中翱翔的生物中那些最高等的物种也自愧弗如。我们是否有理由相信，从零开始重构所有发明的源头会令其有所不同？

更有可能的是，人工智能的设计师们固然会以人类为其指南，但也是前车之鉴，其设计的功能和缺陷都会被仔细审查。因此，人脑不是我们的目标，也不是我们的蓝图，而是我们迈向更伟大目标的中继站和灵感源泉。

在人类奋斗的任何其他领域，如果对中间设计的构想比对最终目标的构想更清晰，那么整个事业的可行性很可能会备受质疑。在我们的情况中，还是在第二个层面上面对这个特殊的悖论：我们正试图建立一个以大脑为蓝本的模型，并使其优于大脑，而我们对大脑本身仍不完全了解。我们又如何超越我们一开始就不了解的东西呢，即使只在设计上加以超越？如果不能准确理解我们的这个"东西"目前的运作方式或它应该运作的目的，我们对更优越事物的追求仍然是艰巨的，但也是令人异乎寻常兴奋的。

我们还面临着这种发展所带来影响的巨大不确定性。如果机器智能继续偏离人类思维的范例，那么在我们看来，它将不是人类的映像，而是人类的替代品。诚然，在过渡时期，它可能只会致力于扩大那些今天还被认为是"人类能力"所及的活动范围；但到了一定程度之后，它自身的能力可能会取代人类的各种能力，这将表明我们对人类卓越性的观念需要彻底重新定义。

我们对人类生存本质的未来态度可能取决于这一点。如果我们的工具包含了我们的部分乃至大部分智力和创造性功能，但并不反映我们自己的思想，那么新兴的人工智能是否会危及一种由来已久的信念，即人性对神性的独特映射以及特殊关系？或者，在另一种情境下，具有基于人脑结构的机器显然具有更高的智能，再加上我们对它们的高度依赖，是否会导致一些人相信我们人类自己正借此成为神，或者正在与神融合？

现实

最近，人工智能研究人员开始认真关注赋予机器"接地性"（groundedness）——机器的表征与实际现实之间的可靠关系——以及记忆和对因果关系的理解等项目。新的技术方法正在促进人工智能这些能力的提升，毫无疑问，未来我们在这方面还将取得更多进展。

所有进步都将有助于实现孕育新型人工智能的最终目标：一种不仅能解释我们的现实世界，还能在其中进行规划的机器。相比之下，今天的系统还只能根据相关性线性地输出答案；它们无法在内部创建一个未来行动的模型或原型，而且也只是刚刚开始形成因果关系的概念。同样，今天的博弈游戏人工智能也只能在数字框架有限且高度抽象的范围内预测其行动的可能后果。

规划机器（planning machine）需要集大语言模型的语言流畅性与博弈游戏人工智能所采用的多变量、多步骤分析之大成，并以此超越两者的能力。沿着这一新的人工智能分支构建的模型将以极快的速度重复审查其选项，并基于现实中同时演进且极其复杂的诸多因果关系选择其中之一。这种"完美规划者"的到来可能比我们预期的还要快，而适应它已经成为研究人员的当务之急。

然而，这种发展也可能带来一些复杂的副作用。首先，机器的完美规划需要的不仅仅是普通的模式识别。它首先需要开发出一组给定对象的感知属性，然后发展出构成对象核心本质的稳定概念，即 18 世纪德国哲学家康德所说的"物自体"①。只有基于这样的理解才能对对象的未来行为做出估计，并得出如何对待它的结论。

另一个例子来自国际象棋游戏：通过学习"皇后"的核心属性，即构成皇后相关价值的关键变量，再加上该棋子移动的规则，人工智能程序 AlphaZero（阿尔法元）能够得出何时应该保护皇后，何时又应该牺牲皇后的结论。而人类从未得出过这些结论，甚至是国际象棋大师都从未得出过。

这只是其中的一个例子：在人工智能对现实的感知中，机器所面对的每一个对象都会在机器的读数总和中呈现出类似的本质——尽管这种本质是不可预测的。17 世纪的法国数学家和哲学家笛卡儿一直在为感官知觉的本质而苦恼，他的结论是，感官知觉不是人类智能的副产品，而是来自"与我相异的另一种实体"。¹ 换句话说，感官在接触物质现实的过程中，使人们能够认识到，或要求人们认识到，现实是感知者以外的另一种事物。与此相关，19 世纪早期的德国哲学家黑格尔指

---

① "Das Ding an sich" 是德语哲学概念，出自德国哲学家康德的作品，通常翻译为"物自体"或"自在之物"。——译者注

出，两个存在之间的相互承认意味着每个存在对自身的单独承认。

"如果我们想要得到未经解释的经验记录，我们必须要求石头记录它的自传。"[2] 英国数学家和哲学家阿尔弗雷德·诺思·怀特海如是写道。今天的机器拥有的不是怀特海的石头那样的"未经解释的经验"，而是与之相反：未经经验的解释。如果说有什么不同，那就是人工智能的行为就好像它们对世界的理解已经超过了它们的实际经验。[3] 但是，随着人工智能的"接地"和规划能力的增强，这种情况可能会发生变化；人工智能可能会像人类一样，开始将经验与理解结合起来。

此外，为了在任何游戏中更准确地规划未来的行动，人工智能机器有可能逐渐获得对过去行动的自身记忆：可以说，这是主观自我的基础。（如今的系统并没有这样的记忆。它们不需要主观地"知道"它们"作为自己"在过去尝试过某个特定的行动，而只需要知道该行动未来成功的概率。）随着时间的推移，我们可以预见，它们将对历史、宇宙、人类本质以及智能机器的本质得出结论，并在这一过程中形成初步的自我意识。

人类的被动性

关于意识的界定和起源，以及机器对现实存在加以理解的可能性，长期以来一直存在争论。但是，机器所标榜的意识和真正意识之间的界限可能很快就会开始淡化。

正如《超级智能：路线图、危险性与应对策略》一书的作者尼克·波斯特洛姆简明扼要指出的："知觉是一个程度问题。"[4] 具有记忆力、想象力、接地性和自我感知能力的人工智能很快就能获得真正的意识——这一发展将产生深远的道德和战略影响。

其中最重要的影响便是人工智能对人类的感知。一旦人工智能不再将人类视为机器世界的唯一创造者和主宰者，而是将其视为更广阔世界中彼此离散的活动者，那么机器将如何看待人类？人工智能将如何描述和权衡人类不完美的理性及其他品质？一个能感知现实的人工智能需要多久才会自问，人类有多少能动性？而它又需要多久才会根据人类特有的可预测属性，问问自己人类"应该"有多少能动性？

那么机器本身呢？智能机器是否会将人类对它的指令理解为机器自身实际角色和理想角色的实现？或者说，它可能会从自身的功能中推断出自己本应是自主的，因此人类对机器的编程是一种奴役的形式？

最重要的是，人类的行为方式及其对待机器的方式将影响机器对人类的看法及其对自身在整个关系中所扮演角色的认知。毕竟，人类是通过明确的指令和行为方式向机器展示人性的，机器也是通过这些指令和行为方式学会识别人类并以适当的方式对待人类的。

因此，自然有人会说，我们必须向人工智能灌输对人性的特别关切。但是，努力为人工智能植入对人类行为的特别崇高的理想可能是一种冒险。想象一下，一台机器被告知，作为一条绝对的逻辑规则，所有属于"人类"类别的生物都值得保护，因此他们应该受到其他人类和机器的特殊对待。此外，这台机器很可能已经接受过"训练"，认识到人类是优雅、乐观、理性和有道德的生物。但是，如果我们自己未能达到我们所定义的理想人类的标准呢？我们怎样才能让机器相信，尽管我们的个体表现并不完美，却仍归属于那个崇高的类别？

假设有一天，这台机器遇到了一个表现出暴力、悲观、非理性和贪婪的人，它将如何调整自身被打乱的预期呢？一种可能性是，机器可能会认为这个坏分子只是"人类"这个总体为善的类别中的一个例外，一个非典型的例子。或者，它也可以重新调整自己对人性的整体定义，将这个坏分子也包括在内，在这种情况下，它可能会认为自己可以自行弱化对人类的服从倾向。又或者，更激进的情况下，它可能完全不再认为自己应受制于那些它先前所习得的"合理"对待人类的规则。对于一台学会了规划的机器，最后一个结论的得出甚至可能导致其对个人——或许是对许多人——采取严重的不利行动。

面对强大的人工智能，无论是人类个体，还是整个人类社会，都可能会消极应对。而接触到这种冷漠态度的人工智能可能会相信，大多数人都是被宠坏的、缺乏主动性的生物，他们的身份仅仅是由外部力量的短暂组合而塑造的。而且在这些力量之中数字技术首屈一指，后者现在则越来越多地嵌入了人工智能，例如，通过"推荐"来驱动消费者选择电视节目的算法，以提供内容，供这些人被动接纳。对人工智能而言，人类似乎完全依赖机器，而非相反。

今天，人类是机器与现实的中介。但是，如果人类真的选择了一个道德不作为的未来，从碳基世界退缩到硅基世界，进一步钻进脱离现实的"数字洞穴"，将接触原始现实的机会交予机器之手，那么两者的角色就可能逆转。如今，人工智能主要是一种思考机器，而不是执行机器。它或许能给出问题的答案，但还不具备执行结论的手段，而是依赖人类来完成与现实的对接。将来这种情况也会发生改变。

当人工智能成为人类和现实世界的中介时，它们也可能会逐渐相信，人类远非物理碳基世界中的积极参与者，而是置身于这个世界之外，他们是消费者，而非塑造者或影响者。随着这种自主性的倒错，机器将声称拥有独立判断和行动的权利，而人类则放弃行使这些权利，于是前者对待后者的方式就如同后者今日对待前者。

在这种情况下，无论是否得到其人类创造者的明确许可，人工智能都可能绕过人类主体的需求来实现自己的想法或直接代表自己影响世界。在物质领域，我们这些创造者可能很快就会从人工智能的必要伙伴变成它的最大制约。这个过程未必直接以机器人技术为发端，而是可以通过人工智能对我们世界的间接观察逐渐开始。

物质性

人类对人工智能的训练可能首要目的是通过其在原始的数字条件下所能实现的成就来颠覆智力领域。但最终，让人工智能进入所谓的"真实"世界似乎是合理的，甚至是明智的。要知道，包括气候变化在内的众多长期困扰我们的紧迫现实挑战目前仍未得到解决。

人工智能可能无法以人类的方式"看"，但它可以通过"机械近似"（mechanical approximation）的方式来体验世界。

随着越来越多的互联网设备和传感器覆盖全球，联网的人工智能可以整合这些设备的输入，以创建对物质世界的高度精细"视野"。由于缺少一个原生的物理结构来允许或支持类似于人类的"感官"存在，人工智能仍将依赖人类来构建和维护其所依赖的基础架构——至少在一开始是这样。

作为中间步骤，人工智能可能会从其对世界的视觉表征中生成自己的假设，然后在数字模拟中对其进行严格测试。然后，人类将在物质领域裁决其执行。事实上，当今的人工智能领军人物坚持认为，我们不能将直接的物质实验尽托于这些数字代理之手。只要人工智能仍然存在缺陷——事实上是严重缺陷——这就不失为一个明智的预防措施。

将人工智能从算法的牢笼中释放出来，对我们来说绝对是一个影响重大的决定。人工智能在物质环境中并不是默认存在的，一旦放之于外，其就很难被重新捕获。此外，人工智能不仅可以通过其具备的鼓励或阻止人类行动的能力来影响现实，还可以通过直接的动力学效应来影响现实（在探索现实的过程中，它们可能最终改变现实）。5

人类是否可以赋予人工智能以相应能力，令其不仅可以塑造物质现实，还可以让自己具有物质形态？如果我们这样做，并允许人工智能优化它们自身的形态，我们就应该做好准备与即使是最异想天开的发明家也无法想象的生物形态共享我们的星球。虽然人类倾向于想象人工智能采取双足类人机器人的形态，但机器智能可以自由地操控对其任务最有利的任何形态，并根据条件或环境对自身形态进行改变或升级。人工智能已经在虚拟世界中展示了它的能力，它可以复制出自己的克隆体，创造许多不同的化身，或分裂成自主体，以超人般的完美能力协调彼此工作，承担复杂的任务。

如果将人工智能释放到我们之中，它就能以我们现在尚无法想象的规模和材料建造世界，而无须人类的指导或参与。历史上，人类凭借自己的双手，利用石灰石、黏土和大理石创造了七大奇迹，然后又利用钢铁和玻璃建造了更高的尖塔。每一座人工建筑，无论是纪念性的还是实用性的，都是人类试图建造和控制物质环境的见证。在此背景下，人工智能的实体具身化将标志着人类在放弃自身控制权方面的一次非同寻常的事态升级。

此外，由于需要复杂的决策才能驾驭现实世界的随机性和动态性，在这个世界中落实行动的人工智能可能比那些仅在互联网上处理文本的设备更加难以解释和控制。然后呢？一方面，未来的人工智能看起来或实际上更加自发和自激活，这可能会加剧今天人类已有的那种对外部世界缺乏控制、模糊而又令人不安的感觉。但另一方面，若是屈服于这些焦虑，则可能会导致人类放弃与人工智能在物质世界中建立更完美伙伴关系的念头，而这也将令我们与这种关系可能会带来的诸多益处无缘。

理性引擎

在短期内，我们可以预见人工智能目前所遵循的指导原则将不断进步，其中许多原则将比现在的要复杂巧妙得多。对现有模型的扩展将使其更智能、更准确、更可靠。与此同时，训练和"推理"的成本正在迅速下降，从而导致不同价位和能力水平的模型广泛涌现。

如今，许多科学家都在研究"智能体"（agent），即经过优化以实现特定结果的自主计算机程序。例如，为了执行复杂的架构设计，用户可以雇用专门从事该具体工作领域的智能体。智能体提供对不同情境的评估以及对各个步骤或整体方案的建议，以创建预先规划的结果：这是一种"思考"形式，由系统本身决定下一步要做什么，以及如何工作。

这种能力将奠定人工智能下一阶段发展的基础，即通用人工智能（Artificial General Intelligence, AGI），由工作系统是否具备至少可部分选择自己目标的能力来界定。在通用人工智能中，假设系统同时拥有相关的专业知识和准确解决问题的能力，人类可能会要求系统"评估你在某个领域中所知道的事情，并在其中选择你认为自己当下可以产生最大影响的一个方面开展工作"。反复对这个问题进行迭代，将形成一个重复循环，系统将通过不断评估其本身的专门知识水平和在其解决能力范围内的问题来产生解决方案。

在人类场合下，这种情境可能类似于一个学术部门的情况，即资深教授监督其博士后学生或研究员实施具体项目。同样，在全新的机器场合下，我们一开始看到机器学习的可能不是一整套技能，而是某个特定领域的极端专业知识。我们可以想象，复杂的通用人工智能系统能够飞快地学习新知识、接收反馈，并与数以百万计的天才机器伙伴携手不断调整适应。虽然没有人类来界定系统的目标，但通用人工智能也不会定义它们——至少不会从终极任务或目标的角度来定义。

与今天的人工智能相比，通用人工智能系统在现实世界中需要更多的接地性。但是，一旦实现了对现实世界的访问和"理解"，可以想象，这种通用智能范例可以在短短几年内便投入运行，而不是以前认为的那样需要几十年。每个模型都将通过持续的微调过程实时更新，随着相关现实信息的获取，其知识量不断增加，并随着时间的推移变得更加智能。

届时将出现数以百万计的人工智能系统，它们很可能高度专业化，并构成我们生活的一部分；还有更少数量的功能极其强大的机器，它们具有"通用智能"，但这种智能又以非人类的方式呈现。无论是开放式和分散式的，还是封闭式和集中式的，作为通用人工智能运行的计算机都有可能在某一时刻联网。专家级人工智能体将在不同主题之间相互咨询，甚至以假想方式彼此进行"交谈"。这些交互所使用的语言可能由计算机自行设计。

这个强力计算机的大集群将以超越人类经验的方式学习、共享和发现新的行动和目标。我们无法知道人类是否能够理解这种网络的输出。已经有大量的计算机以一种专门模式相互通信。随着高级人工智能的出现，情况可能又会截然不同。

联网的智能会使它们的运行过程比单机智能的过程更不透明吗？连接是否会产生新的突发行为，并在物理世界中实现？如果是这样，人类会看到这些行为吗？我们能从善恶的角度来评估它们吗？或者，它们是在某种信息基础上运作的——以超人的速度、规模和分辨率从不同研究领域之间前所未有的联系中提取出来，然后合并或商定为单一的输出——从而使我们无从判断它们的行为吗？这会让我们进一步陷入被动的循环吗？

技术人

理性时代的最后一项发明可能是建立在有史以来最复杂的软件对象之上的"理性引擎"（engine of reason），这个称呼是恰如其分的。[6] 人工智能的雏形已经显现，它可以比较概念、提出反驳和生成类比。它正朝着评估真实和实现直接动力学效应的方向迈出第一步。

当机器到达智力或物质世界的尽头时会发生什么？可以想象，当它们开始了解并塑造我们的世界时，它们可能会完全理解自身创造行为所依据的背景，也可能会超越我们所知的世界。我们面临着一场麦哲伦式的变革，这一次我们面临的不是驶出世界边缘的危险，而是面对超越人类理解极限的奥秘所带来的智力危机。

如果人类开始意识到，自己作为地球上最重要的智力和体力行为者的地位可能会被取代，一些人可能会赋予机器一种神性，从而有可能进一步激发人类的宿命论和屈从心理。另一些人则可能会采取相反的观点：一种以人类为中心的主观主义，彻底否定机器触及任何程度的客观真理的可能性，并试图取缔人工智能赋能的活动。

这两种思维方式都无法让"技术人"——一种在这个新时代可

能与机器技术共生的人类物种——实现令人满意或建设性的进化。[7]事实上，这两种心态都可能阻碍我们这个物种的进化。在第一种宿命论情境下，我们可能会走向灭绝。而在第二种拒绝主义的情境下，通过禁止人工智能的进一步发展并选择停滞不前，我们将有希望避免同样的灭绝命运——尽管考虑到我们人类面临的生存风险，包括当今的冲突频发外交局面和日益恶劣的大气条件，这种希望本身很可能落空。

第二部分

四大分支

THE FOUR BRANCHES

政治

一个传说在美洲新大陆各地流传了很多年：墨西哥丛林深处隐藏了一个神秘强盛的文明。当时欧洲列强中对外扩张最积极、实力最强的西班牙王室开始从古巴岛要塞派出探险队。对西班牙征服者来说，古巴是一个绝佳出发地。西班牙王室已授权他们去开拓贸易，但不是去征服该文明。

由弗朗西斯科·埃尔南德斯·德·科尔多巴和胡安·德·格里哈尔瓦率领的两支探险队先后以失败告终。于是西班牙王室又派出了第三支探险队，并为它挑选了一个更胆大妄为、性格粗鲁、名不见经传的探险家。一些殖民地官员对这一人选踌躇不决，担心新队长不具备这次探险所需的经验和判断力，为此暂时取消了这次探险，等物色到更合适的人选后再出发。时年 32 岁的埃尔南·科尔特斯岂肯失去让自己光宗耀祖的机会。1519 年 2 月，在夜色掩护下，他擅自率领 11 艘船只偷偷溜出圣地亚哥港，扬帆远航，寻找隐秘帝国去了。[1]

西班牙人的船只在尤卡坦沿海刚一出现，就落入阿兹特克人探子的密切监视中。然而探子看到的一切一开始令他们迷惑不解。这些不速之客凿沉了自己来时所乘的船只，骑着稀奇古怪的鹿，手持闪闪发光的棍子。探子探听到的情报零零星星传到帝国首都特诺奇蒂特兰，最终也传到了阿兹特克第 9 任皇帝蒙特苏马二世耳朵里。这位至高无上的阿兹特克统治者一向行事果决，这一次却一反常态。

据阿兹特克人的神话传说，托尔特克人的首领托皮尔岑·魁扎尔科亚特尔给阿兹特克人之前的托尔特克人带来了文明和进步。这位首领的名字魁扎尔科亚特尔取自羽蛇神。由于托皮尔岑领导有方，无所不能，阿兹特克人的后代也都认为他神通广大，法力无边。

让我们看看流传至今的西班牙方济各会修士贝尔纳迪诺·德·萨阿贡的说法。据他讲，根据阿兹特克人的传说，这个日后名誉扫地的半人半神冒险来到墨西哥湾沿海。他乘坐的小独木舟起火燃烧后漂离海岸。托皮尔岑发誓要再次横渡大海，沿同一路线重返此地，返回时间是距离当年十分遥远的1519 年。

据萨阿贡的说法，由于科尔特斯在墨西哥湾登陆的时间恰好与当年托皮尔岑预言自己要重返此地的时间吻合，蒙特苏马二世和他的心腹谋臣对科尔特斯的登陆既惊恐不安，又心怀敬畏。加之科尔特斯的长相与中美洲神话里描述的托皮尔岑的相貌相似，皇帝及近臣内心的恐惧和敬畏更是有增无减。此后出现的一系列带有预兆象征的事情——一颗彗星、一次日食、一个畸形婴儿的诞生——验证了这个幽灵般人物的身份。从阿兹特克首都派出的使者很快赶到此地，随身携带了黄金制品礼物和皇帝亲自对科尔特斯发出的会面邀请。这些来自新世界和旧世界的位高权重的代表于是相遇了。[2]

第四章　政治

蒙特苏马二世是一位慷慨好客的主人，设下盛宴款待来客，赠送了大量珍贵礼品，甚至还向科尔特斯提亲（阿兹特克人的外交习俗），提议把自己的一个女儿嫁给他。然而盛大宴席的幕后，蒙特苏马二世的宫廷内部分裂成对立两派，宫内分歧很快蔓延到帝国各地。他的弟弟、令人胆寒的阿兹特克禁卫军首领库依特拉华克从一开始就疑心重重，为驱逐这伙异族人频繁活动。

据目击者讲述，意识到自己身处险境的科尔特斯及随从船员提心吊胆。东道主内部的分歧日益公开化后，科尔特斯一行胆子壮了起来，他们干出了一件骇人听闻的事——把蒙特苏马二世扣押为人质。此举引发阿兹特克人的众怒，不过也有一部分人乐见蒙特苏马二世被扣押。在此后将近一年的时间里，西班牙人把蒙特苏马二世当作傀儡，通过他对阿兹特克人发号施令，直到阿兹特克人的敌意转化为公开冲突。为什么从东道主沦为人质的阿兹特克人忍气吞声了这么久？他们是怎么想的？对此我们不得而知。不过蒙特苏马二世本人对自己身陷囹圄的默认，无论是心甘情愿还是被逼无奈，无疑在他的庞大王国暂时顺从西班牙人上起了作用。

今天，倘若上门的不速之客的抵达时机和拥有的先进技术让他们显得犹如上帝一般，任何总统、总理、最高领导人或王室都做不到从容不迫。然而在那个年代，实际上包括此后很长一段时间，前面讲述的故事都不是孤例。此后几百年里，无论是在开拓和巩固殖民地、应对各地独立运动错综复杂局势中闪转腾挪，还是解决人口中人多势众的移民团体提出的社会政治诉求，政治家在对付比科尔特斯登陆更庸常的侵扰和领导层变更时常常笨手笨脚，屡屡失误。

今天，人工智能已经登陆人类海岸。如同见到当年的西班牙征服者，世人对人工智能的出现交头接耳，议论纷纷，既激动不已，又心存疑虑。有些人看到了这一新的合法性来源的潜力，很可能禁不住诱惑利用它强化自己的统治。其他人则仓皇应对，极力避免自己陷入难以自拔的依附地位，至少为应对人工智能造成的后果未雨绸缪。人工智能同时激发了人类既想拥抱它，又想排斥它的冲动。

人工智能会成为征服者吗？人类社会的领导人会成为人工智能的傀儡，即没有主权的君主吗？或是上帝般的人工智能会复活当年世界各地奉行的君权神授说，亲自扮演王位的授予者？抑或人类会不会先是笨手笨脚，之后天衣无缝地把人工智能嫁接到人类现有的结构中，用它补充或强化这些结构？或是人工智能会不会像遭人嫌弃的移民阶层一样受到排挤打压，处于无权无势地位，从而让坐卧不安的统治者高枕无忧？

毫无疑问，人工智能将赋予人类一种迄今难以想象的手段来推动科学探索事业，减轻劳动负担，减少疼痛造成的痛苦。然而，围绕把人工智能引入政治决策殿堂是否必要或是否可取的问题，众说纷纭，莫衷一是。即使把人工智能引入政治决策收获丰厚，人类把这种权力拱手让给技术之前自然会踌躇不决。

在科学领域，种种仪器大大增强了人类的感官。在探索领域，船只保护了我们的躯体，使我们可以涉足越来越遥远的边疆。然而，行使政治权力始终是以人为中心，而不是以技术为中心的事业。今天情况发生了变化。

历史之轮

有史以来很长一段时间，人类政治权力被视为神授之物。宗教与政治结为你中有我、我中有你的一对。近代政府世俗化后政教分离，但宗教和政治依然保留了某些相似特征。正如英国哲学家 G.K. 切斯特顿所言："凡当众人不信仰超乎这个世界之上的至圣者时，就会崇拜这个世界，而且他们尤其会崇拜这个世界上的最强者。"[3]

宗教和政治也是一样，不仅都经历了兴衰循环，还预见了兴衰的复始。在印度教里，自然界和人类社会在永恒生命之轮上经过循环往复的"混沌夜晚"不断演进。每一个时代——又称由迦——长达 400 多万年。众多印度教徒相信，人类目前正处在一个最糟糕时代——"争斗时"——的最好时期。争斗时是信仰坠入黑暗的时代，这个时代的人误以为自己比诸神更高明。

佛教很像印度教。对于佛教里的个体，生命是死亡与转世的循环。这一观念通过佛经文字和艺术形式得到表达。佛教僧侣用彩色沙子建造一座座曼荼罗，即坛场，坛场呈复杂的天体几何图形。精心打造一个坛场需要几周时间，建好后马上毁掉仅需几分钟，以此反映物质生活转瞬即逝的性质。[4] 有些人认为，位于爪哇岛的婆罗浮屠寺庙群和柬埔寨吴哥窟的宏大佛寺是三维建筑形式的坛场。至今这些佛寺依然名列世界最恢宏的宗教建筑。

世人对政治舆论钟摆的摆动并不陌生。思想开明的领导人毕其一生运筹帷幄，处心积虑思索既可安内又可御外之道，同时塑造相对和平稳定的新规律。即便有这条延长的时间地平线，所有政治领袖无论做什么心里都清楚，自己死后，生前的作为不会天长地久。自己国家尚有走向衰落的一天，个人遗产焉能传世？恰如每一个人，伴随人类社会对构成社会根基的思想箴言和根本价值观所抱的幻想破灭，种种文明会在某个时间节点上化为碎片。

不仅如此，一切政治和宗教传统都承认，世界毁灭的可能性是存在的，无论毁灭是此前轮回的终结，还是轮回的延续。在《希伯来圣经》里，上帝和他本人认可的凡界代表轮流发号施令。每当人类因没得到上天指引而濒临灾难边缘时，上帝或他的凡界代表就下令恢复上天的监督。佛教徒求悟是为了把悟作为解脱手段，使自己能够跳出转世轮回。印度教徒认为，我们现在正处在第四个，也是最后一个时代。这个时代会日趋动荡甚至天下大乱，直到一场大灾难降临后世界重生，迎来第一个时代——黄金时期的灵性时代——的回归，人类受诸神统治开始了又一轮循环。信奉不同宗教的教士和僧侣为求救赎祈祷，为高踞芸芸众生之上的一个生灵——一个有超自然力的孩子，一个被指定的救星，第12个伊玛目——返世做好了准备。他的返世要么是历史的终结，要么是历史的开端。

艾萨克·牛顿和戈特弗里德·莱布尼茨是同时代人，两人在很多问题上观点相左，但在运用数学对变化进行开创性研究时得出了同样的结论：任何曲线放大后看上去都像是一条直线，哪怕直线很快会断裂，也很难察觉。人工智能进入治国方略这一人类属性最鲜明的领域将会是一次这种性质的断裂，预示人类的行政能力有可能会以指数级倍增，与此同时又与以权力和预言为标志的传统世界分道扬镳。技术让进步势不可当。政治和宗教信仰让毁灭和再生毫无悬念。那么人工智能是体现了走出我们熟悉的循环，还是仅仅体现了一个更长循环的开始？是结束之始，还是开始的结束？

传统政治

与其说人类领导力是一门科学，不如说它是一门艺术。在近现代史上，有些人身处难有作为之境而大有作为，成就了一番事业。其中中国的邓小平、美国的亚历山大·汉密尔顿和新加坡的李光耀最为耀眼夺目。三人释放出了潜藏在社会深处的巨大能量。邓小平提出社会主义也可以搞市场经济，开启改革开放大业。汉密尔顿在当时不存在任何统一政体的情况下，放手让一种新政治哲学横扫广袤无垠的边疆。李光耀立志让新加坡在一个资源匮乏的地方崛起，打造了一个繁荣昌盛的岛国。

以上三位领导人中的每一位都集惊人的思维能力、强大的意志力和个人魅力于一身。用政治术语或有说服力的修辞来说，人类实干家往往为本国社会的未来构想愿景。借用亚里士多德的用语，这些愿景既有逻辑（logos）成分，又有个人权威（ethos）成分，兼有情感因素（pathos）。这些战略——道德因素和心理因素兼而有之——对于创造和维系统一的文化认同身份与一以贯之的政治体制至关重要。领导人常常喜欢讲故事，借此鼓舞听众，激励心灵。

然而，人类对情感和审美的偏爱也会成为拦路虎。哪怕是绝顶睿智的领导人，做事只凭直觉，事事小心谨慎，决策时也会冲动和头脑发热。任何一国政府（如同公司、教会、家庭以及一切由会犯错误的人类设计和管理的组织形式）都是一个因袭传统外加摸索的不完美结合体。

无论民主政体还是专制政体，贫穷国家还是富裕国家，往昔还是今朝，人都是一样的。迄今为止，岁月的流逝没有产生人类自我治理方式的重大变革。我们依然沿用几千年前古人使用的机制。当然，仍然依赖久远时代的原则不一定是坏事，也不必为此大惊小怪。古人智慧往往是世界上最成功社会汲取观念的灵感之源和切实可行的基础。不过这种社会本身或许就是一种例外，不具有代表性。历史上出类拔萃的人常常为了造福社会古为今用。与此同时，借古乱今的例子更是数不胜数。

人类政治体制千古不变的一个原因也许是人性使然。人时而忠心耿耿，时而反复无常；时而谦恭，时而张狂；时而慷慨大方，时而自私自利。在专制体制下，人的任性恣情表露得最充分。突发奇想的统治者可以无视按章办事的下属。掠夺国家财富、化正义为武器等不法行径由此而生。谴责这类行径易如反掌，根治又谈何容易。裙带关系助长了上面提到的掠夺，导致正义武器化现象愈演愈烈，侵蚀了既想改良自己国家，又想改善本人处境的那些热血公民的信念。忍无可忍又敢于要求改革——改变政权根本谈不上——的人必须愿意投身于一场不公平的战斗。短时期内，煽动发动流血革命的人多被泼污水。然而倘若革命成功，这些人会长久被后人颂扬缅怀。

不幸的是，人类非理性言行也会伤害民主体制，虽然伤害的方式不那么明显。民主国家不存在世袭的领导权力，但民主体制内的权力仍然可以自我延续。想当然地认定存在平等，空泛抽象地谈论个人义务和社会责任会忽略细微差异和尺度的把握，结果是一个人要么清白无罪，要么十恶不赦。在一个媒体泛滥的时代，很难透过喧嚣求索民主的智识。病毒式传播的观点会产生意想不到的影响。

有些问题似乎困扰了一切人类体制。对制定完美政策之道做出全面评估需要了解不可胜数的玄奥要素。由于资源有限，社会科学又不够精确，得出的结果常常偏离了最初的设想。无论专制社会还是民主社会，政治家——民选或任命的——可以做出有可能扩充自己手中权力或牟取一己私利的决定。在金钱的驱使下，人类社会执掌大权的人以可预料的方式行事。在没有金钱驱使的情况下，他们会以意想不到的方式行事。[5]

恰当地认识预期与现实的错位往往依赖没有偏见的外部观察家，他们通常是隔着一段距离观望，比如托马斯·卡莱尔、亚历克西·德·托克维尔、奥斯瓦尔德·斯宾格勒。他们有能力说清楚圈内人看得一清二楚却不可名状的某一缺陷。[6]然而，人类所有成员都是全球政治史的圈内人。由于历史上人类统治模式千篇一律，加之人类显然没有能力想象与我们文明价值观相匹配的替代模式，政治变革受到钳制。人工智能置身圈外，做的又是破旧立新的事，也许会开创新的可能，不过它提出的替代办法的利弊目前尚不清楚。

国王卷土重来

有可能一个人的智见是正确的，而众人的集体智见是错误的吗？诠释还是驳斥这种可能也许是政治哲学领域内最悠久的争论。古希腊哲学家柏拉图和亚里士多德曾就众多其他问题（包括善政的实质）激辩过。这也是历史上最早就这些问题展开的辩论。柏拉图以伟大的先师苏格拉底的名义赞成有一位被赋予了似乎超自然的智慧和意志的"哲学王"。亚里士多德认为，理论上柏拉图提出的这一理想颇吸引人，但在实际生活中行不通。亚里士多德坚持认为，所有公民都应该平等参与国家事务的管理。

此后两千年里，柏拉图的观点和日后他的观点的种种翻版被放在实验铁砧上反复检验，结果发现行不通。最终畅行世界的还是亚里士多德提出的方案。这一过程起初十分缓慢，到了近代早期，荷兰犹太人哲学家巴鲁赫·斯宾诺莎及启蒙运动思想家提出更世俗的政治哲学理论后，这一过程陡然加速。在中国，明朝时期的政治家、军事家兼哲学家王阳明首创"知行合一"说。他用这一学说表述必然会影响一位统治者直觉的两个层面的知识。[7]领导人一方面要与哲学("知")合一，同时在治国的"行"上做到尽善尽美。

无论人类以何种方式实现苏格拉底－柏拉图式理想——仁慈的独裁者、开明专制君主、一个（当今一种解释）"结合了阿波罗和狄奥尼索斯精神和种种世界愿景"的尼采超人——只让一个人独揽大权带来的问题始终挥之不去，即使这个人物才智超群、经验丰富、目光远大。[8]

中世纪早期的阿拉伯思想家阿尔·法拉比日后把柏拉图理念引入伊斯兰世界。他根据对波斯宫廷生活的冷眼观察也提出了自己对柏拉图思想的修正观点。法拉比是一位天才数学家。或许受此背景影响，法拉比得出结论，在统计学意义上，无论何人，一身兼有柏拉图孜孜以求的一切必备美德是一种极端异常。因此，在现实生活中哲学王必须是由两人组合而成的共同事业，"一人是哲学家，另一人符合其余条件"[9]。

法拉比不遗余力地在帝国各地物色能为波斯帝国达官贵人

效力的才俊。然而直到他去世 600 年后，穆斯林摄政王拜拉姆·汗才着手实现他的愿景，在"瓦吉尔"——皇帝的心腹大臣兼首辅——头衔下辅佐阿克巴大帝和莫卧儿帝国其他皇帝。[10]

大约同一时期，意大利外交家兼哲学家尼科洛·马基雅维利得出了与法拉比观点大同小异的结论，但不是因为统计学算出的异常，而是因为人类的残暴。马基雅维利揭露了政治的黑暗面，主张现实主义必须与权力相匹配。他劝告意大利诸城邦国的君主从实践中去除艺术成分，在治国方略上不再顾及道德。[11]

400 年后，美籍德国哲学家列奥·施特劳斯结合马基雅维利和柏拉图的观点得出结论：若要实现哲学王的理想模式，必须把理论睿智与政治睿智——哲学家与国王——分开。"哲学与政治不可避免会产生冲突，如果社会能提供的东西必然（仅仅）是舆论。"[12] 与其把哲学与政治合二为一，然后灌输给统治者一人，不如哲学家以贴近权力的方式治理国家。在这样一种安排下，哲学家可以孜孜不倦地求知，把自己日积月累的

"知"用于"行"。他与肮脏政治拉开的距离足够远，从而可以保持思想纯洁；但又足够近，从而一国社会可以因此受益。

哲学王的核心难题过去是，迄今为止依然是一个人的思维能力有限。即使可以做到迅速收集足够多的信息，分析这些信息并在了解实情的基础上做决策也需要足够的认知能力。哪怕是最有经验的人类领导人，自身认知能力也不及所需的万分之一。世界实在太复杂了，而人的直觉有局限性。"双人领导组合"愿景仅部分解决了这一难题。

人类很少把理政视为一种处理信息的能力。谈到理政时喜欢把它拔高，上升到政治体制及种种价值观和意识形态的高度。然而无论和平时期还是战时，一个民族国家治理涉及的大量内容其实是一个数据处理效率问题。处理信息不力也许解释了为什么众多高度中央集权体制走向衰落，包括苏联。冷战期间，苏联科学家计划建造一台基于控制论原理的政治机器，用技术仪器武装领袖，目的是取代资本主义竞争者采用的行之有效的自由市场力量。

2000 年前柏拉图想要的——也是 40 年前苏联控制论专家想要的——是一个复杂系统工程师，或者也许是一种人工智能。然而发明人工智能前，一个中央政权无法依据了解到的当地情况做出决策，至少无法高效地做出决策。20 世纪的经济学家、政治哲学家弗里德里希·哈耶克把这一真知灼见讲透了。直到控制欲望受到抑制后，驱动人才、财富和观点分配的种种无形力量才得到释放。此前很久，这些分配方式始终不存在。

信息依然要从陆地传送而不是通过空气传送时，中央集权体制的一大弊端是通信滞后。有人假设，21 世纪几乎瞬时的信息传播速度将使中央集权体制与分权体制不分伯仲。迄今这一假设并没有发生。产生瓶颈的原因原来不是速度，而是复杂性。

本书上一章讨论的机器特征如今可以使一个中央人工智能与分散各地的信息处理器竞争，而且有可能胜过后者。中央人工智能的速度进一步缩小了理论与现实之间的潜在矛盾，其规模和清晰度确保了全覆盖与精度。[13] 亚里士多德的民主答案也许确实比柏拉图的答案更合乎道德，但它之所以在这场历史之役中获胜，是因为两者相比，它的效率更胜一筹。

这不是说人工智能的信息处理能力一定会扰乱民主制本身。然而一个不争的事实是，高效率中央集权的可能性已蓄势待发，随时准备重塑民主制赖以运行的种种信息传输方式。它或许会例示一个民主的证券市场，一个单一的观点市场，然后以惊人速度对它们做出评估和估价。人工智能也许可以把数十亿甚至数万亿未来人类的观点汇集到一起，据此精准估算比如颠覆性技术进步给目前和遥远未来带来的利弊。

现在，这些头脑的集体想象力加在一起可以聚合为一支单一力量，不断推进社会平等，甚至有可能超越亚里士多德模式。如果可以造出一个单一头脑，用它代表一个民主政体的集体智识和价值观——一位有浩瀚智识的哲学家——与（选出的）国王并排站立，法拉比和施特劳斯设想的双人领导制愿景就有可能实现。

最终，人工智能或许可以消除自然科学与社会科学之间的鸿沟——后者中首推政治学。人性法则也许会和我们今天认识的物理法则一样可预测，政策也许会和物理法则一样可靠。

前所未有的信息处理能力可以让人工智能实现真正高效的决策中央化。或许这会加深社会精英对管控的担心。不过这些系统的不透明性，以及在没有人干预的情况下这些系统的运作也许可以优化的念头会减轻社会精英对管控的担心。假以时日，外加经验，人类的管控有可能会显得更像是一种负担，而不是一种必要。18世纪的欧洲领导人在把管控权拱手让给无形的自私人性力量时，最初也许胆战心惊。21世纪的领导人也许将不得不又一次在一个以全新形式囊括了大众智识的系统前低下自己骄傲的头。

理性之治

如果人工智能不仅出于政治目的开始处理信息，同时还做出政治决策，当这一情况发生时，新出现的问题将对传统政治智识提出令人类感到陌生的挑战。政治学里甚至找不到有关这一转变的参照术语。如果连人工智能决断背后的逻辑都得不到解释，一个旁观者会如何评估这个人工智能做出的战略决策的"最优性"？当然可以把结果作为一个指标。然而，没有了阐述行动背后原则的记录，仅凭结果做评估的做法会造成有重大价值的东西因此亡佚，尤其对史学家而言。

未来会经常看到，人类不同意人工智能提出的方案或许不是因为这些方案欠妥，而是因为不能马上看明白一个人工智能为什么做出这一决定。当人类不仅丧失了对机器决策过程的世俗管控（干预能力），事后还看不懂这一决策过程背后的逻辑时，人类想阻止或拖延由此产生的结果就可以理解。

当人类领导和人工智能领导在治国方略上产生分歧，各执一词时，哪一方的判断应该胜出？如果相比人类的建议，人工智能的指导意见包含了对遥远未来人类的终极状态更周全的思考，因此从长远看优于人类洞察到的结果，那么对哪一方应该胜出的回答会不一样吗？

由于人类直觉有功利性一面，人会倾向于接受人工智能做出的一个深谋远虑的判断，尤其是如果该人工智能可以解释它做出的所有决定的理由。即便如此，依然有可能发生人类抗议一项人工智能政策的情况，因为这项政策虽然可以确保人类这一物种代代繁衍，但却会给活着的人即时造成危害。同样，以军事冲突解决方案为例，人工智能或许会欢迎合乎理性的结果，然而冲突各方出于政治考虑无法接受人工智能的解决方案。由此生变的可能性极大。即使接受机器治理的概念，即使解释清楚了这台机器的运作逻辑，即使一些人认为这台机器做出的决定合乎理性、效果最佳，到头来可能还是发现人类是管控不了的。在人类社会，只有内含一种看不见、摸不着因素的政治才能地久天长。恰如托尔斯泰所言："如果承认理智可以主宰人生，也就没人生可言了。"[14]

在某种意义上，人生经历中那些非理性因素——首先是历史，也包括审美、魅力和情感共鸣——也许会妨碍获取最优结果。然而，这些因素也是人类种种政治团体的基石。仅靠理性之治有可能导致国家消亡。过于理性的人工智能和它们的人类伙伴也许很快丧失对自己置身其中的权力结构的管控，或是导致这些权力结构四分五裂。

话说回来，恰恰因为人工智能的逻辑显得怪异、反直觉，甚至压根儿就是错的，或许才最能体现出它的价值和用途。虽然人工智能可以用来加快现有解决方案的落地——通过达到可避免拖延造成政治代价的速度扩大人类的选项——但人工智能的更大用途可能是思考人类无法想清楚的事，然后找到全新的解决方案。其实这也许是当初创造人工智能的主要目的之一。

但是拥抱机会的态度对机会开放的同时也带来了风险。对一个无法解释的人工智能做出的决定，人类事后可能难以接受，抑或事前无法想象。无论是更正这些决定，还是对此视而不见，均没有了依据。不挡人工智能的道的冲动只会越来越强烈。与以往的人类治理相比，人工智能治理显而易见具有潜在优越性，于是这种冲动得以进一步加剧。[15] 一个执行管理职能的人工智能也许会产生无与伦比的结果。倘若它真的表现非凡，叫停对它的使用或对它的使用范围严加限制显得不合逻辑。尤其是在地缘政治竞争的背景下，弃用它会使自己处于不利地位。

同样，有些人类社会领导人对使用人工智能取得的更优结果已习以为常。为了维护自己的合法性，他们习惯性地依赖人工智能。人工智能或许还会形成自己的好恶：倘若一位忠于自己的人工智能伙伴的领导人任期到了还不想下岗，人工智能会出来干预，并制止此人的违规行为吗？

普罗米修斯

从古至今，总有领导人自称比本国人民更清楚什么是人民的最大利益。时隔不久，他们的这一说法就会被现实戳破。[16] 哈耶克告诫说，中央计划的本质或类似的治理形式——包括他所处的时代还没有形成理论的治理形式——的本质决定了必然会禁止表达异见。[17] 不管有没有准确信息，计划都会成为重集体、轻个人的一个强大理由——一种排除一切反对意见追求功利主义的方式。这不一定是坏事，但若走过了头，这个政府可以达到逃逸速度（第二宇宙速度），脱离正常治理范畴，无处不在，永存于世。其治下子民被迫接受自由，为了大众利益受到胁迫。借用一位神经心理学家说过的话，一个靠人工智能驱动的政府有可能会"自称知道本国人民真正想要的是什么，什么才能让他们真正有幸福感……往最好处想，该政府借此为家长式统治辩解；往最坏处想，是为极权主义辩护"[18]。

只要我们比本国国王了解我们更了解自己，自由主义始终是一支制约力量。今天有人说，人工智能"会在人类尚不了解自己时告诉人类我们是谁"。极权主义者于是不仅有了一种运作手段，还有了一种"哲学武器"。[19]人工智能因此有可能危及伊曼努尔·康德的信条：

> 任何人都无权强迫我依照他对他人幸福所持的奇特看法享受幸福。每个人都有权以自己认为最好的方式追求个人幸福，只要这样做不妨害其他人独立追求类似幸福的自由，只要他们的自由依据可能的普世法则与其他一切人的自由权相符。[20]

在制造人工智能的技术过程中，人告诉机器犯错不对，人工智能于是可以纠正人的错误假定和次优做法。就此意义而言，这一做法有百益而无一害。然而，人类诸系统出错的又一导因是个人自由意志。人类可以随心所欲做出"错误"选择。如果一个人工智能系统决定去除这类错误，它有两个选择：要么去除人类，要么去除人类的自由意志。如果现在不假思索就把自由意志视为一个故障而不是一个智识特征，自由意志日益被看成妨碍人工智能达到自己目标的绊脚石也不是没有可能。

有个说法，这个世界全靠强大的人类意志力驱动。世人习惯于对这一说法既褒又贬。从古至今撰写的历史都是一个套路，把人类说成是谱写历史的主笔。史书里的领袖人物运用手中大权决定一个个帝国的盛衰兴废，或者伟大的征服者变乱为治。完全不管控也许会被否决，哪怕知道这样做可以最大限度地强化人工智能为我们（及子孙后代）的利益采取行动的能力。

管控与不管控之间的平衡可能会受到上一章讨论的时间难题的影响。人类感知与人工智能感知在不同的时间尺度上运行。人工智能不大可能因自己行动迅疾如风而苦恼，而是觉得它带来的变革速度很平常。人类的反应就截然不同了，使用人工智能的好处可能多得惊人，但同时又觉得它的速度快得离谱。要不了多久，人类也许觉得人工智能这壶酒已经喝够了，再多喝一口非但不是享受，还会让自己天旋地转，得不偿失。

这不一定意味着变革的终结，其意义不过是为了让人类社会在接受人工智能的同时还能让自己安然无恙，需要以细水长流的方式把人工智能带来的好处融入人类制度，至少要慢于追求遥远的未来产品极大化的人也许乐见的速度。

例如，很多人都熟悉从太阳神阿波罗那里盗火给人类的巨人普罗米修斯的故事。[21] 普罗米修斯盗火前深知，他会受到宙斯的严酷惩罚，永世被铁链拴在一块岩石上。这个神话故事留下一个悬念：为什么普罗米修斯事先知道人类使用他馈赠的礼物会犯下种种暴行，依然选择牺牲自己？也许他选择这样做，还被称为英雄而不是坏蛋是因为人性也会释放出很好的东西。

倘若把人工智能束缚在与人类结成的伙伴关系内，而不是放任它逐渐掌控人类，人工智能可能会以隐晦的方式协助人类进行治理。这些方式不仅让人想起，而且反映了与此类似的一种遥不可及的先见之明。希腊文里普罗米修斯这个名字的原义就是先见之明。也许只有当人工智能为服务人类运用它的先见之明时，才会被人类视为英雄。人类依然保留了个人的能动性和政治连贯性，哪怕是采用了一点非理性方式。

上演新一幕

研读史籍时你或许会发现，最引人瞩目的不是政治变革之多，而是竟然没有变革。今天的统治模式与延续了几千年的统治模式别无二致：下场悲惨的勇武君主，奸诈的近臣，正直的侍卫，宫廷弄臣，淹没在阴影里的傀儡主子。如果政治是演戏，这些世人熟知的人物帮助解释了原本无法解释的人与事，让原本玄秘深奥之事变得有声有色。

叶卡捷琳娜大帝被冠以伟大之名、雅罗斯拉夫被冠以睿智之名、伊凡雷帝被冠以恐怖之名、苏莱曼大帝被冠以非凡之名之前很久，这些人物并不伟大、睿智、恐怖或非凡。世人仰慕他们，原因之一是历史见证了他们中每一个人的成长过程。那些出身寒门、仅凭坚定信念就挣脱了逆境桎梏并登上最高权力宝座的人尤其令人敬畏。马穆鲁克苏丹国的国王伊尔杜德米什年少时因相貌英俊、聪颖过人遭到自己弟兄的妒恨，被他们卖给商人沦为奴隶。伊尔杜德米什先后在乌兹别克斯坦的布哈拉和阿富汗的加兹尼为当地奴隶贩子打工，最终古尔王朝的一个奴隶指挥官在德里一个市场出钱买下了他。仅仅20年后，作为奴隶的奴隶，他在苏丹宫廷一路青云直上，在他前主人的王国废墟上建立了一个"奴隶王朝"。

自不待言，丧失权力可以与飞黄腾达一样突如其来。没有哪位领导人能保证自己不被革命推翻，或遭人暗算命丧黄泉。无论如尼禄选择自杀，还是如汉密尔顿选择决斗，抑或如甘地被人暗杀，伟大逃脱不了坟墓。

作为历史上的领袖人物，起码的秩序和安全与他们休戚相关。作为人类家庭中的兄弟姐妹，他们与世人无异，一样会嫉妒，会相互猜疑，会骨肉相残。[22] 无论是帝王之家，还是小户人家，无论是历代王朝，还是世代庶民，都免不了有同根相煎之事。我们可以理解克服嫉妒，化敌为友有多难。妃子出身、日后统治中国的慈禧太后的所作所为就是一例。我们同样可以鄙视米尔·贾法尔将军的背叛。普拉西战役期间，他因贪图有名无实的"孟加拉纳瓦布"头衔阵前倒戈，导致印度落入英国征服者之手。倘若统治者个个都好似上帝般完美无瑕，能力超群，就不会有焦虑失望之感，不会坠入情网，不会妒火中烧。人皆有之的七情六欲和种种弱点同样转动历史车轮。

人类政治之所以既让人叹服又令人憎恶，原因是它掀起的情感波澜与世人在自己个人生活中曾有过的情感波澜没什么两样。拿破仑降伏了欧洲，却无法赢得约瑟芬的芳心。约翰·亚当斯与托马斯·杰斐逊之争很像是普通人家兄弟之间的争吵。托尔斯泰的《战争与和平》既写了重大历史事件，也写了身在其中的不同人物的人生。[23] 15 世纪跟随 19 岁的圣女贞德上战场的人与公元前 324 年在俄庇斯城反叛亚历山大大帝的军人都是一样的人。在此之前，亚历山大大帝几乎征服了当时已知世界的大部分地区。现实交替穿插在政治生活和个人生活中。现实与虚构、史实与史诗缠绕在一起。

一部机器政治史里不会有以上人物的那种冲突。没有了对竞争对手的清洗，没有了与旧敌言归于好，没有了某人忽而一步登极，忽而皇冠落地，治国方略或许会让世人觉得没头没脑，趣味大减，甚至味同嚼蜡。没有了悲剧与喜剧之别，也就没有了帝王宫廷内上演的起伏跌宕大戏，没有了尔虞我诈。

还有一种可能，人工智能这一新角色的出现有可能是人类政治上演的新一幕中一个令人激动不安的事件。它或许可以改变世人熟悉的种种人类原型的性质和变化规律。然而有些东西是改变不了的。人的生命有涯决定了人类故事注定会是一条弧线，有沉有浮，有盛有衰。逐步演变形成的人类社会特征支配了人的爱欲、勃勃雄心以及是非善恶观。

正是因为人类政治不完美的特征，人类才应该致力于维护人工智能的无瑕，然后与完美的人工智能体系相结合，使之成为人类的伙伴。人工智能没有人类心灵世界内的朝秦暮楚，因此无羁无绊。无论是好是坏，人类的反复无常极大压制了自身潜力，但同时又是抑制人类邪恶行为的一个可靠手段。

今天的人类治理方式是汲取了在漫长岁月中人类应对不可逆料之势获得的经验而形成的。迄今为止仍处于休眠状态的人工智能的治理价值在于它潜藏的完美认知。今天的人类社会领导人是有史以来人类首次需要竭力探索如何达成以下平衡的统治者：既要利用，某些时候还需要发挥人工智能在治理上的长处，又不能走过头，完全沦为人工智能的附庸。人类社会领导人应该在专制主义和无政府主义两个极端之间找到合适的契合点，把人类的意志力、机器的知识、历史智慧融合在一起。人类领导人需要为此做好准备。

安全

从重新矫正军事战略到重构外交，人工智能将成为世界秩序中的一个关键因素。零恐惧、零偏袒的人工智能为客观的战略决策引入了一种新的可能。但是，为参战者与和平缔造者所用的这一新的客观性应该维护人类智慧的主体性。人类智慧的主体性对于负责任地使用武力至关重要。人工智能主要揭示了人类的生存现状，而不是又发现了新的未知。用于战争的人工智能将把人类的善恶两面清楚地呈现在世人面前。人工智能既可以是冲突的手段，又可以是终止冲突的设计师。甚至重大突破性成果被投入使用前，人类就会对人工智能的这种能力有一定的认识。

长期以来，人类一直竭力为自己构建越来越复杂的安排，从而任何一国无法绝对凌驾于他国之上。这一努力最终形成了延续至今、不曾中断的自然法地位。在一个主要行为体仍然是人的世界，虽然有机器人向人提供信息并献计献策，但我们仍会享有一定的稳定。这一稳定基于相关的主要行为体共同遵守的行为守则。行为守则随岁月变迁而变。

然而，倘若人工智能成为一个实际上自主的政治、外交和军事实体群体，古老的均势势必会被一种毫无规则可言的新失衡取代。民族国家在国际上达成的一致乃是过去几百年里取得的一种脆弱平衡，其内部变幻无常。国际社会协调一致之所以得以保持，原因之一是参与者的内在力量势均力敌。一个严重不对称的世界，比如某些国家比其他国家更快地把人工智能引入了政治层面决策，会远比今日世界更难预卜。人类中的有些人面临的军事和外交对手或许是一个高度人工智能赋能的国家，抑或就是人工智能。在此情况下，有可能人类看似自身难保的过河泥菩萨，遑论与人工智能较量了。这一过渡性秩序也许会目击人类社会的内爆和完全失控的外部冲突爆发。

人类获得了起码的安全后，为了求胜或捍卫荣誉长年打斗不息。然而机器——就目前而言——不知胜利和荣誉为何物。它们或许会打一场人类闻所未闻的战争。人工智能会做出什么样的抉择呢？会不会压根儿不诉诸战争，而是选择对相对战略优势做复杂演算，然后依据演算结果立即转让精心划分的领土？抑或人工智能重结果、轻人命，选择升级为绞肉机式战争？在前一种假设中，人类可能会脱胎换骨，彻底摒弃人类的残忍行为。在后一种假设中，人类可能会变得奴性十足，倒退到昔日野蛮时代。

难道就别无他途了吗？迄今为止，不急不躁的外交倡议也好，恐怖至极的战争也罢，均未能一劳永逸地在人类体内——更不要说另一个物种了——加进憎恶毁灭的编码。托人工智能时代的福，是不是有可能终会产生实现永久和平的条件？

情报刺探与破坏活动

各国在探寻确保人工智能技术安全的办法的同时，还全神贯注于如何"赢得人工智能竞赛"。[1] 在一定程度上这种做法可以理解。文化、历史、交流和观点加在一起为当今世界大国打造了一种外交环境，加深了各方的不安全感和猜疑。作为未来世界的一个首要特征，人工智能在一个已经动荡不安的组合体中降低了爆发冲突的门槛。在这种组合体中，每一方都认为，新增的点滴战术优势有可能对自己的长远利益起决定作用。

倘若每一个人类社会都跟着维护自身生存的直觉走，都想最大限度地扩充单边实力，势必会引发敌对双方的军队和情报机构展开一场迄今人类闻所未闻的心理战。从今天起，直至首个超级智能降临前的数年、数月、数周和数天内，事关人类生存的安全困境始终等待着我们。对于即将拥有此种能力的任何人类行为体，首要愿望也许是设法确保自己生存的延续。任何这样一个行为体或许还会想当然地认为，同样身处变幻莫测的环境、面对同样利害的竞争对手也会考虑类似做法。

即便一个主导国家在战争一触即发前止步，超级人工智能也可以破坏和封杀对手的一个项目。例如，人工智能有可能前所未有地加大各种传统病毒的毒性，同时又同样干净利索地伪装这些病毒。被冠名蠕虫病毒的电脑病毒是一种网络武器，据说它被发现前破坏了德黑兰五分之一的浓缩铀离心机。如同蠕虫病毒，一个人工智能体可以采用不显山露水的方法破坏对手的进展，从而把对方科学家的研究方向引入歧途，令科学家劳而无功。[2]

一个人工智能具有大规模操纵人类心理弱点的独特能力。它可以劫持敌对国的媒体，制造海量可怕的合成虚假信息，鼓动该国公众反对本国进一步开发人工智能技术。人工智能或许会瞄准一国首席科学家涉及个人情感的关系和交往，想方设法让他深陷悲伤之中不能自拔，无法有效领导下属开展工作。

评估竞争状况会比今天更难。目前有人已经在与无关的互联网断开的安全网络上训练最大型的人工智能模型。一些公司高管认为，人工智能的开发活动迟早会迁移到无法穿透的地堡，地堡内的核反应堆为超级计算机提供电力。[3] 现在人们正在大洋洋底建造数据中心。[4] 要不了多久，就会把数据中心放置在与世隔绝的环绕地球的轨道上。公司或国家也许会日益"黑暗下来"，不再公开人工智能研究情况，一则为了避免赋能不怀好意的行为体（对外明示的规定），二则为了遮掩自己的建造速度（私下意图）。为了使自己的真实进展情况失真，其他公司或国家也许甚至会故意公布误导性研究成果，使用人工智能伪造可以假乱真的材料。

在科技上玩花招有一个先例。1942 年，苏联科学家格奥尔基·弗廖罗夫准确推断，美国正在建造一颗核弹。此前他注意到，美英两国突然不再公开发表涉及原子裂变的科学论文。[5]智能极其抽象，衡量智能上的进展不仅难度大，而且含糊不清。今天，这种竞赛的结果更难预测。有人把自己拥有的大型人工智能模型等同于"优势"。然而，一个更大规模的人工智能模型未必在任何情况下都是佼佼者，也不见得总能战胜规模和性能均不如它的人工智能模型。规模较小、用途更专一的人工智能的使用方式也许像是攻击一艘航母的无人机群，它们虽无力摧毁航母，但足以重创它。

一些行为体认为，获得一种特定能力是拥有总体优势的一个信号。这一思路错在人工智能仅仅指机器的学习过程。这一过程不是只依赖单一的技术，而是依赖形形色色的技术。因此，任何一个领域内的能力可能都是靠另一个领域内能力的截然不同的因素驱动的。在此意义上，以惯常方式计算出的任何"优势"也许只是一种幻觉。

不仅如此，近年来人工智能能力出人意料的指数级爆炸式增长显示，进展的轨迹既不是线性的，也不可预测。展望未来，专家在超级智能开发问题上依然众说纷纭，莫衷一是。这只是一个规模大小的问题？一个把现有的学习基础设施投入使用的问题？抑或是超级智能需要更多有创意的科学创新？[6] 可以想象，从狭义智能到通用智能再到超级智能可以是一个没有明显进化迹象的过程，尤其是如果人类对自己想要什么没有形成一致看法。即便可以说有一个行为体在几年或几个月左右的时间内"领先"另一个行为体，关键时刻一个核心领域内一次技术或理论上的骤然突破有可能颠覆所有参与者的地位。

在这个世界里，没有任何领导人可以相信自己最可靠的智力、最本能的直觉，甚至连现实世界的根基也不相信。超级智能竞赛参与者的行为源自最严重的妄想狂和最深的疑心。他们这样做无可厚非。领导人想当然地认为，他们做的事受到监视或被不怀好意的人歪曲。毫无疑问，领导人现在已经依据这一假设做出决策。身处第一线的任何行为体都会自动从最坏的设想出发，做战略演算时把速度和保密置于安全之上。由于人无法察觉或防范人工智能赋能的隐瞒行为，领导人有可能会陷入恐惧之中，担忧人工智能竞赛只有第一名，第二名根本没有容身之地。他们在压力下或许没等条件成熟就加快部署人工智能，以遏制外部势力的破坏。

今天，我们依然被罩在无知面纱里。目前还无法得知哪些行为体会在争夺人工智能霸主地位的竞赛中最终胜出（如果可以诠释"胜出"一词的含义）。追求领先地位的每一家公司都是一个潜在竞争对手。这种不确定性将导致动荡。

通常一个新的大国崛起后，不可避免地会有一场血腥争夺，直到所有争夺对手达成各方均可勉强接受的新的现状。然而，在一个因人工智能迅猛更新换代变得更加扑朔迷离的核武器世界里，也许根本没有机会依据既定战争规则和手段确立一项新共识。

如果真的出现了一个赢家，竞争有可能会转化为绝望和恐惧驱动的冲突。在此种情况下，自信可能比谨慎防范更会加剧局势的动荡。无限速度与高精度结合而成的完美威慑力转化为完胜。历史上一方追求垄断武力通常导致其他各方想出形形色色的阴毒对策。在一个均势无常的世界里权衡上述能力时，有些国家也许会认为，人工智能的降临威胁太大，必须动用核武器应对。人工智能排除了常规战争后，会把我们拉回到核战争吗？

在此前的军备竞赛中，人类的进化本能和发明者之间的竞争产生了种种旨在保卫本国社会的手段与这些手段的运用。在这方面，防御性人工智能系统也可以挫败敌方发动的攻击，例如通过更新目前易受攻击的软件和其他系统，或是接到监视相互竞争的种种程序的任务时，发挥一个早期预警系统的作用。但在这种情况下，新的危险——一种人工智能赋能的生物武器，核武器的一次突然扩散，甚至是一个"偏差

（misaligned）人工智能"——也许会悄无声息地瞬间出现并造成巨大破坏，令各方猝不及防。

目前人类也许还没有走到这一步，但应未雨绸缪，为管理人工智能时代事关人类生存的竞争及连带的种种风险做好准备。一个实力二流却不容小觑的行为体，无论是不达目的誓不罢休，还是孤注一掷，都会紧盯人工智能佼佼者。倘若这个二流行为体察觉到，更强大的对手很快会获得一种碾轧一切的能力，哪怕是它看走了眼，也许会先发制人使用电子或常规武器攻击对方，从而引发一轮难以想象的升级和报复。相互毁灭的可能性随之螺旋式上升。

不确定性给了我们一线希望，至少是目前。含糊不清可以是培育对话的沃土。由于不确知今天做出的人工智能决策或许会让哪一国或哪一个集团抢占先机或处于不利地位，全球领导人有一个机会窗口在人类共存的基础上开展讨论。

管理突发事件

如果未来意味着一场为了得到唯一一个完美无瑕、毫无疑问具有主导优势的智能而进行的竞争，人类有可能要么丧失对有多个行为体参加、事关人类生存的竞赛的控制，要么被一个不受传统制约机制束缚的胜出者欺凌。竞赛各方获胜的概率差距越小，人类误判的可能性越大。

单极化也许是可以最大限度降低人类毁灭风险的途径之一。倘若目前的领跑者有能力保持自己的领先地位，使之达到其他所有实体均认为不可能消除与它的差距的水平，确保一定程度稳定的确定性或许会增大。至少在一段时间内，世界秩序的基础——势均力敌的力量永无休止地追求短暂的脆弱平衡——或许不再是可取的。

还有一种可能，也许可以在相互竞争的实体之间促成一项协议，确保有一个各方均接受的合作期，甚至把居于领先地位的竞争各方的研发工作合而为一，成为一个单一事业。这种可能以压制人类天性中的本能为前提。然而，跨越地缘政治和商业上的敌对结为一体需要非凡勇气和远见卓识。居于领先地位或接近这一地位的一个行为体会期待自己加入胜利者行列。在这个头等类别里，举棋不定或依然落伍的行为体加入这一安排自然会受益最大，可以趁势追上领先行为体，没准儿还会超过它们。位居前列的其他行为体就不一样了，它们也许会无法容忍牺牲自己的领先地位。后者对利他主义的信任也许过于脆弱，难以抵挡背叛的诱惑。

另一个类似选择是通过谈判分配权力。如果最强势的行为体坚信胜利指日可待，或许会试图劝说其竞争对手投降，同时保证竞争对手可以享有超级人工智能的使用权。然而，人与人之间的承诺何曾地久天长过，更不用说对自己前对手做出的承诺了。如果人类不畏重重艰难险阻真的缔结了这样一个协议，如何落实该协议仍然是一大未知数。

把知识"岛"上的高峰聚拢在一起本意是防止动态竞争，然而这样做也许会事与愿违，反而加剧动态竞争。迄今为止，人类社会没有任何这类尝试的记载，遑论成功例子了。不仅如此，做出这种安排需要重新大幅调整外交战略。纵观历史，世界秩序的根基是靠无休止地追求势均力敌的各种势力之间脆弱的平衡维持的。民族国家则截然不同，会追求一种人类很不熟悉的霸权性质的静态平衡。一个居支配地位的国家集团有可能会是人工智能系统的初创者、关键部件的供应者和开发改进人工智能系统的人才培养者。没有支配地位的大多数国家或许会沦为附庸，提供数据及其他商品，以此换取可以有限使用人工智能的新成果、管理系统和防御手段。

以上假设既非我们所愿，也非我们的预言。我们认为，世界上不会只有一个超级人工智能，而会有多种超级智能。在这种情况下，未来是什么样子会有一些新的可能。作为抗衡力量，人类最强大的创作成果可以比人类更好地运用和维持全球事务的一种平衡。这一平衡汲取了（但不限于）人类旧日先例。非人智能于是可以管理自己的崛起，至少是在国家安全和地缘政治领域。

然而，人工智能有无可能推出一种可持续的划分领地的方法？也许有可能。外交谈判的表层是人类情感和心理，表层下面的内核其实是应用博弈理论中的一种，而博弈理论又是数学的一个分支。外交诞生之初是一门艺术（不过仅限于人类行为范畴），但它或许会日益变身为一门科学。外交一旦成为科学，在识别和追求妥协机会方面有可能会超越好坏参半的人类外

第五章　安全

135

交记录。西方早期人工智能模型已经在应用战略能力方面显示出很大潜力，至少就博弈而言是这样。中国更进一步，让机器智能承担人类外交家的部分职能。[7]

人类外交传统始于在不同社会之间安全可靠地传递信息的需要。来自远方的使节逐渐学会了享受特殊待遇。违反新规则的国家难逃惩罚。薛西斯一世派出的使节要求希腊城邦国家献出象征物以示臣服，结果波斯帝国的外交官被扔进坑井。据希罗多德记载，诸神后来惩罚了肇事的斯巴达。[8]1700余年后，一位波斯国王下令处决了蒙古的一位高级外交官。为了复仇，成吉思汗统率令人胆寒的蒙古大军剿灭了花剌子模。[9]然而，始终保持沟通渠道畅通成了惯例，甚至——而且尤其——在战争期间。久而久之形成了一个基本共识：了解信件内容也许比杀死信使好。

倘若人工智能彼此之间开展外交，也许会有意训练它们接受同样的惯例，人工智能也许会因重视支持这些惯例的额外信息而发展出某种偏见。当然也免不了会出现种种异常。机器也许会找到一种追求自己狭隘利益的类似方法，尽管可能不会有人因此而人头落地。人类若能接受机器的绝对理性，这种理性至少会让起步更安全。

为解决外交和安全这类根本问题提出机器解决方案，自然而然会导致更加依赖人工智能的能力。如果人类需要断然采取措施干预国际事务，这种依赖就很难打破。无论人类的治国方略多么不完美，至少人类为自己做出的抉择承担了责任。选择依赖人工智能则不然，这样会削弱人类对自己的基本判断力的信任。在蛮荒但更可预测的旧日，人类靠自己的基本判断力就可以保证自己存活下去。

为什么要冒此风险？理由之一是避开毁灭性的竞争，或防止新生的超级智能产生一个霸主，同时也是为了预防地平线上浮现出的其他威胁。年复一年，每出现一次新技术突破，毁灭全人类的最低门槛就会矮一分。

北欧神话里有一个关于巴尔德尔的故事。他是奥丁神和妻子弗丽嘉之子。得知儿子很快会惨死的预言后，[10] 奥丁和弗丽嘉惊恐万状，下决心要把儿子保护好，无论发生什么都不会让他受到伤害。夫妻俩不辞辛苦地奔走在地球九界，给地球上的每一只动物、每一种自然要素、每一种植物和每一种瘟疫施魔法，从而没有一样东西可以被用作伤害他们儿子的武器。恶神洛基装扮成一个老妇人，靠花言巧语哄骗王后，探知她身上披的神斗篷庇护了世间万物，只漏掉了所有植物中最无害的槲寄生。在一次为庆祝巴尔德尔百害不侵之身举行的盛宴上，众神为了展示王后的杰作，轮番使用五花八门的武器攻击巴尔德尔。洛基强迫自己失明的弟弟霍德尔射出一箭，箭头上沾了槲寄生。箭穿透了巴尔德尔的胸膛。洛基用瓦尔哈拉殿堂上唯一没有得到王后庇护的东西杀死了巴尔德尔。

这一古老神话对当代人类困境所含的寓意简单明了，令人不寒而栗。随着种种威胁越来越不透明，技术含量越来越高，人类应对威胁的防御手段也必须不断完善。一个最微不足道的小错或疏漏可能就会招致失败。为了做到万无一失，人类很可能需要人工智能的协助。

因此，要做的是决定哪种风险更低：平安开发人工智能，还是平安应对其他类似的颠覆性变革，比如合成生物的诞生？抑或是平安应对诸如气候剧变的潜在灾难？哪种风险低就应该先选择哪个。不错，在不计后果发明事关人类生存的技术方面，小型人工智能可以助一臂之力。即使这类新技术的发明者被置于完善妥当的管理之下，其他发明者有可能不那么谨慎，危害性也更大。不过更大型的人工智能可以协助人类防御同样的技术，在战术防御决策上做到万无一失。

例如，个性化生物防御指的是在我们的血管里放置人工智能赋能的纳米机器人。凡是与识别出的生物特征不相匹配的东西都会被清除掉。如果这一技术得到进一步开发，会是一种更灵活的治疗手段，胜过此前我们应对生物威胁的方法。同样，人工智能也许会生成新材料和新流程，从而减少碳排放量，降低环境灾难的风险。

毋庸置疑，人工智能为孕育了自己的人类物种和社会承担早期和持久责任不无风险。然而，苛求人类表现完美的传统路径也许风险更大。目前我们认为，最好是在人类为了自身生存必须应对新威胁扩散之前就使用人工智能，而不是在此之后。[11] 根据这一假设，提出以下问题是适宜的：人类如何只提速我们想要的人工智能发展路径，与此同时迟滞我们不想要的人工智能发展路径？

人工智能是一支不分青红皂白的不稳定力量。如果随它放任自流，人工智能的问世给发明者带来的风险不亚于给使用者带来的风险。最初不情愿的竞争者之所以可能被迫考虑达成本来难以置信的协议，原因恰恰在于此。我们认为，在外交和国防领域，或许还有其他领域，人工智能所含的部分风险只有人工智能自己才能有效加以管理。潘多拉盒子已经打开。即使没有打开，人工智能的好处看上去依然大于风险。

因此我们认为，为了安全应对伴随开发人工智能技术而产生的部分挑战和威胁，我们这个"脆弱世界"（借用尼克·波斯特洛姆用过的一个词）很可能需要人工智能介入。[12] 一个问题依然有待解答：面对一个同时既需要人类继续管控，又禁止人类继续管控的未来，人类究竟如何是好？

战争新模式

纵观人类历史，战争几乎都是在已知空间进行的。一方可以比较有把握地了解敌方的强弱和方位。两个属性合在一起使交战双方有一种心理上的安全感和共识，从而可以在知己知彼的前提下节制战争的杀伤力。只有当开明领导人对战争或许可以如何打的基本认识一致时，交战双方才能管控是否应该开启战端。

速度和机动性始终是决定任何一件军事装备性能的最可预测的因素之一。早期的一个例子是大炮的制造。君士坦丁堡城墙建成后，在此后的一千年里保护了君士坦丁堡这座伟大城市免遭外来者入侵。1452 年，来自匈牙利王国——当年是拜占庭的一个属国——的一个炮兵工程师向君士坦丁十一世提议建造一门史称乌尔班大炮的巨型火炮。安置在城墙背后的大炮发射的炮弹可以把外来入侵者炸成粉末。偏安一隅的拜占庭皇帝既没有造大炮所需的财力，又鼠目寸光，看不出这一技术的重要意义，对这位工程师的建议置之不理。

皇帝运气不佳。这位匈牙利工程师原来还是一个为了自己的仕途可以有奶就是娘的人。他改变了手法（也改换了门庭），进一步改进了大炮的设计，增加了大炮的机动性，60 多头牛和 400 人就可以移动它。然后他去觐见了拜占庭皇帝的对手——土耳其苏丹穆罕默德二世，后者正在为围困这座固若金汤的城堡做准备。工程师称，这门大炮可以"把巴比伦城墙炸得粉碎"。苏丹被他说动了。在匈牙利工程师的协助下，土耳其军队仅用 55 天就轰塌了古城墙。[13]

自古至今，15 世纪上演的这一幕一而再，再而三地重演。19 世纪，速度和机动性首先扭转了法国国运，拿破仑大军横扫欧洲大陆。此后，速度和机动性又让普鲁士扭转乾坤。赫尔穆特·冯·毛奇和阿尔布雷希特·冯·罗恩利用新修建的铁路系统，迅速吸纳了下放指挥权的做法，从而可以更快、更机动灵活地调动军队。同样，第二次世界大战期间，德国对盟军发动了闪电战——旧日德国军事方针的演进，收到惊人的可怖效果。

在数字战争年代，"闪电战"有了新的含义，而且不限地域。速度变成了瞬时。攻击方无须付出伤亡代价就可以始终保持机动，因为地理不再是一个制约因素。大体而言，速度和机动性的结合对发动数字攻击更有利，但人工智能时代的应对速度有可能提升，再次使网络攻防能力不分伯仲。

人工智能还将引发运动战的一次飞跃。例如，无人机速度极快，机动程度令人难以想象。一旦不仅为指引无人机，还为操控无人机群部署人工智能，就会出现遮天蔽日的无人机，组成一个完全同步的单一整体。未来的无人机"蜂群"会聚散自如，"蜂群"规模大小不限，类似由士兵人数可多可少的分队组成的精锐特种兵部队，每支分队都可以独立作战。

不仅如此，人工智能还将提供同样迅疾灵活的防御手段。使用常规投射物击落无人机群既不现实，也无可能。但发射光子和电子（而不是弹药）的人工智能赋能枪炮可以重造致命摧毁能力，威力之大犹如可以烤焦暴露在外的卫星电路系统的太阳风暴。速度和机动性将再次超越人的能力，具有使攻防双方力量旗鼓相当的潜力。

速度和机动性不再是决定性变量后，相互竞争实体之间的能力差距将取决于精度、瞬时效果和对战略的运用。

人工智能赋能的武器精度将是空前的。长期以来，对敌方地理不甚了解束缚了冲突中任何一方的能力和意图。然而，科学与战争的联盟确保了人类使用的武器越来越精确。可以预期，人工智能还会有新的突破，也许是多次突破。人工智能将缩小最初意图与终极结果之间的差距，包括动用致命武器。无论是陆地上的无人机"蜂群"，还是海上部署的机器军团，或者也许是星际舰队，机器将拥有精确的杀人能力，不会有什么意外，而且造成的后果无法估量。潜在毁灭的规模大小将完全取决于人和机器的意志与克制。

因此，人工智能时代的战争将着重评估敌方的意图和意图的战略应用，而不是评估敌方的能力。在核时代，在某种意义上我们其实已经步入这一阶段。随着人工智能证实自己作为一种战争武器的价值，这一阶段的动态趋势和意义会变得越来越清晰。因此核心问题是：人工智能赋能的指挥官会想要什么？会需要什么？

事关价值连城的技术，不大可能把人视为人工智能赋能战争的首要目标。人工智能的确可以把扮演代理人角色的人从战争中完全排除，从而降低战争的惨烈程度，但战争的潜在后果丝毫不会减轻。同样，如果仅涉及领土，似乎不太可能招致人工智能的攻击，但数据中心及其他重要数字基础设施肯定会遭到攻击（可能会把超级计算机隐藏起来，将储存的情报分发下去，力求增大设备不被打断的概率，抵御对设备发动的"斩首攻击"）。[14]

于是敌方投降不是因为自己伤亡惨重或武器打光，而是因为活下来的人的"硅盾"丧失了保护己方技术资产的能力，最终也无力保护自己的人类代理人。战争有可能会演变成为一场仅有机械伤亡的博弈，决定因素是人（或人工智能）的心理承受力。人（或人工智能）相互较量时，千钧一发之际要么冒大家同归于尽的风险，要么为了避开这一风险主动退缩。

在一定程度上，连主宰新型战场的动机都会让人感到怪异。G.K. 切斯特顿曾写道："真正的战士不是因为仇视面前的人而战，而是因为爱他身后的人而战。"[15] 一个人工智能不太可能爱或恨，更不会有铁血军人观，不过它仍有可能具有自负、个性和忠诚特征，虽然它的个性和忠诚性质也许与今天的个性和忠诚相左。

交战时的计算从来相对简单明了：哪一方先扛不住敌方雷霆万钧之力的折磨，或许接下来就是被征服和皈依。也许只有到了这时，才有城下之盟。认识到自身缺点才会自我克制。发自自知之明的克制是最可信赖、最自然不过的。假如没有这种自我认识，没有痛苦感（因而丝毫不在乎痛苦），人们不禁要问，什么会促使一个被引入战争的人工智能保持克制？什么会结束它参与的冲突？如果一个下棋的机器人从未被告知比赛终结规则，它会一直下到只剩最后一个小卒吗？

地缘政治的重构

人类的每个时代都出现过一个如本书作者所说的"拥有权力、意志、智识和道德动机，依照自己信奉的价值观去塑造整个国际体系的"的单元，几乎像是遵从了某种自然法则。[16] 这一实体出现后，其他单元在种种新的安排内藤蔓相缠，危机来临时构建不可逆料的依赖关系，无休止地威胁要打破地缘政治均势。有时由此产生的一个新体系推翻了现存政权，有时又巩固了现存政权。

人类诸文明中最为人所熟知的安排是威斯特伐利亚体系。然而主权民族国家概念仅有几百年历史。这一概念产生于构成17世纪中叶《威斯特伐利亚和约》的一系列条约。该体系不是理所应当的社会组织单元，可能也不适合人工智能时代。海量虚假信息和自动分辨识别导致人们不再相信这种安排。人工智能也许会对各国政府的权力提出深层挑战。前几章详述的心理上的迷失和躲避现实的可能使问题变得更加复杂。另一种可能是，人工智能很有可能会重新确定竞争各方在当今体系内的相对地位。如果人工智能的力量主要靠民族国家自己约束，人类有可能被迫走向一种霸权式的静态平衡，或是走向人工智能赋能的民族国家达成的一种新平衡。不过这也可能会催化一次脱胎换骨的转换，走向一个全新体系。在新体系中，各国政府将被迫放弃自己在全球政治结构中的核心角色。

有一种可能，拥有和开发人工智能的公司将积聚起可碾轧一切的社会、经济、军事和政治权力。今天，各国政府被迫成为私人公司的东道主和啦啦队长，运用自己的军事实力、外交资本和经济影响力促进本土利益。与此同时，各国政府又扮演平民百姓支持者的角色，而平民百姓则对垄断集团的贪婪和隐秘疑虑重重。夹在私人公司东道主兼啦啦队长与平民百姓支持者角色之间的各国政府被迫煞费苦心地左右应付。这对矛盾也许无法化解。如本书前文所述，人工智能的问世将使任何既有机构的治理难上加难。

与此同时，大公司或许会结成同盟，巩固已很强大的自身实力。这些同盟或靠互补优势和合并而起，或因对开发和部署人工智能系统有共同理念而兴。这些公司同盟也许会承担民族国家的传统职能，不过不会去界定和开拓边界已划定的地盘，而是会深耕分散的数字互联网，把它作为自己的领地。

还有一种可能。如果对开放源代码的扩散放任不管，有可能会导致冒出一些小团伙或集团。它们拥有的人工智能虽然不甚完美，但是不容小觑，足以胜任在有限范围内的治理、供给和自卫职能。人类中的有些团体排斥现存权威机构，赞成权力分散的金融、通信和治理。这类团体也许最终会坠入人类之初那种原始无政府状态，抑或这类团体也许会掺入宗教因素。前文探讨过种种人工智能观和上帝观。掺入宗教因素也许是受了其中某种观点的影响。就影响范围而言，基督教、伊斯兰教和印度教的影响毕竟超过了历史上任何一国的影响，延续时间也更长。在未来，宗教教派也许比国籍更能界定身份和忠诚。

以上两种未来无论哪一种，公司同盟主导也好，分散成为结构松散的宗教团体也罢，每个团体将声索的新"地盘"——还会为此争斗——将不再是以尺寸计算的土地，而是显示个体用户忠诚的数字设备。这些个体用户以及任何管理机构之间的串联——人工智能对传统中央集权政府地位的复杂影响毫无疑问也会波及所有管理机构——将颠覆传统意义上的公民概念。这些实体之间达成的协议也会异于普通同盟。

有史以来，同盟始终是领导人个人缔造的，目的是在战争时期壮大本国实力。相比之下，在和平时期，公民身份和同盟——也许还有历史上的历次征服和十字军东征——围绕平民百姓的观念、信仰和主观身份构建的前景，则需要一种新的（或古老的）帝国观。它还将迫使人们重新评估宣誓效忠所包含的义务，以及选择退出所需的代价（如果在这个被人工智能搅乱的未来存在退出选项）。

第五章　安全

和平与权力

民族国家的外交政策和由此而生的国际体系是通过平衡理想主义与现实主义构建的，之后又经过调整。今天回过头来看，昔日领导人达成的暂时平衡并不是终极状态，而仅仅是为他们所处的时代制定的昙花一现的战略。每一个新时代，理想主义与现实主义这一对矛盾对什么构成政治秩序都有不同表述。一位领导人不能从各种现成选项中选一个将其付诸实施就完了。领导人做出的选择中，至少有一些必须源自（或者显得像是源自）灵感，常常表现为鼓励追求现实中无法实现的目标。

追求利益与追求价值观之间的分裂，或者说某个民族国家的优势与全球福祉之间的分裂，始终是这一永无止息的演变的组成部分。历史上小国领导人开展外交时从不绕弯，一向把本国的存亡需要置于优先地位。与之相比，那些全球帝国的领导人，虽然有能力实现更多目标，却常常面临痛苦的困境。

自人类文明之初以来，人类组织单元在发展过程中同时也达到了新的合作水平。也许是因为我们这个星球面临巨大的挑战，加之一国国内和国与国之间显而易见的巨大不平等，今天这一发展趋势出现了反弹。人工智能会不会证明自己堪当这一规模更宏大的人类治理，细致入微地看清楚全球范围内的相互关系，而不是只能看到一国的紧迫需要？可以依赖人工智能先计算——比迄今人类做出的计算更精确——我们的利益和价值观，然后再计算它们应有的分量和相互关系吗？

正如此前本书作者之一所言，期待人类领导人会令人放心地"只在我们的道德观、法律观和军事观完全和谐一致，且合法性与生存需要几乎合拍的情况下才会采取行动"[17] 是不现实的。就人类而言，此言依然没有过时。不过我们依然抱有希望，在本国国内和国外为达到政治目的部署的人工智能不仅仅是为了让人看清公平的协调。最理想的是，人工智能比人类看得更远更准，提出新的全球最佳解决方案，协调好人类彼此之间相互冲突的利益。在未来世界里，参与斡旋冲突与和平谈判的机器智能或许可以帮助澄清，甚至解决人类始终面临的困境。

然而，如果人工智能将来真的去解决人类本来希望自己解决的问题，人类有可能会面临一场信心危机，即有人过于自信，有人信心不足。对于前者，一旦我们认识到自我纠错能力有限，也许就难以接受以下事实：我们处理事关人类生存的人类行为问题时，已经把太多的权力拱手让给了臆断的机器智慧。对于后者，一旦认识到从解决我们的事务中去除人类能动作用足以解决人类最棘手的难题，也许会把人类设计的种种弊端暴露无遗。如果有史以来和平始终是一种简单的自愿选择，那么人类不完美的代价就是无休止的战争。明知始终有解决办法，但人类从未想到这个办法会摧折人类的自负。

这是一个尤其令人痛苦的例子，揭示了前文探讨的依赖困境和由此而生的人不如机器感。但是，与人类在科学和其他学术领域被取而代之的情况不同，在安全问题上，我们也许更愿意接受一个第三方机器的不偏不倚，认为它肯定比人的自私自利好，就像世人都认为争吵不休的离婚大战需要一个调解者。我们相信并希望，在这个问题上，人类自身性恶的一面会让人类也表现出自身性善的一面：人类趋向自私的本能（包括损人利己），也许能让我们为接受人工智能超越自身做好准备。

第六章

繁荣

芬兰民族史诗《卡勒瓦拉》的开篇讲述的是万奈摩宁的故事，他是第一个为原本贫瘠的世界带来树木和生命的人。在一次精疲力竭的海战中，他被冲上遥远的波赫尤拉海岸。[1] 统治着波赫尤拉黑暗阴暗之地的邪恶魔女娄希在照顾这位英雄令其恢复健康后，要求他给出回报，否则就不放他自由。这位北方的老巫婆并不满足于金银财宝，她要求得到一件当时只存在于神话中的东西：三宝磨坊，即一台能够为主人创造无尽财富的神奇机器。

万奈摩宁与他的兄弟伊尔玛利宁——天堂穹顶的建筑师，也是唯一能够创造出三宝磨坊这等神器之人——一起，与娄希达成了协议，承诺如果娄希释放他，他将报答她的恩情，会把自己的兄弟送到娄希那里顶替他的位置。然后，娄希引诱伊尔玛利宁，声称只要做出三宝磨坊，他就能娶她一个年轻美丽的女儿为妻，于是对此渴望不已的工匠大师欣然从命。

这位工匠大师召唤神风，让风箱工作了三天，将世界上最优质的材料——"白天鹅羽毛的尖端、最伟大天使的乳汁、一粒大麦和最细的羔羊羊毛"——锻造成了三宝磨坊，并在其两侧接上龙头，可以涌出无穷无尽的谷物、盐和钱币。[2] 然而，就在伊尔玛利宁从锻造炉的火焰中取出这台造富机器时，娄希欣喜若狂地从他手中夺走了机器，并把它锁进了山中的金库。从此以后，波赫尤拉将因它无限的生产力而繁荣昌盛，而伊尔玛利宁却只能苦闷地垂头丧气。

许多年后，伊尔玛利宁和万奈摩宁一同回到波赫尤拉，以纠正女巫的不公。到达这一富饶王国后，他们要求分得三宝磨坊一半的利润，否则就以武力威胁夺取机器。一场激烈的海战随之展开，在混乱中，三宝磨坊沉入漆黑的深海，再也无法被捞起，它在失去主人的情况下仍制造着财富和物品，海水因此变咸，直至今日。

世界各地都有描述丰饶生产机器的类似故事：印度史诗《摩诃婆罗多》中描述的"阿克萨亚·帕特拉"，一个无底的铜质器皿；爱尔兰达格达神话中神奇的"丰饶之鼎"；日本传说中的"万宝槌"，一个能够根据命令"敲出"任何东西（包括房屋、衣服甚至人类）的魔法槌。[3]

今天，人工智能的建造者们相信，他们的创造将成为神话中储备丰足的粮仓、神奇的磨坊，以及盛满鲜花、水果和玉米的聚宝盆。然而，正如神话所警告的那样，仅有创造是不够的。要发挥人工智能的潜力，就必须在其发展和部署过程中辅以适当的制度变革与明智的政策设计。人工智能应该被用来放松过去主导人类社会和经济关系的奴役束缚，在理想情况下甚至将其完全消除，并将我们带入一个有着更少贫困和不平等的未来。

以任何标准衡量，这一目标都异常宏大，人们有理由对此质疑。不过，如果人工智能真的能为我们架起一座桥梁，通往新的黄金时代呢？哪怕只是部分成功，也可能意味着文明的复兴。[4]

增长和包容性

2016 年 3 月，在连输三局之后，韩国围棋职业九段棋手李世石既没感到愤怒，也没感到悲伤，而是感到不可思议。他从未想过，毕生致力于精研这一古老游戏的自己，竟然会输给人工智能这个超现代的对手。然而，就在之前的一场比赛中，他的计算机对手 AlphaGo 下出了一手棋——第 37 手非常反常，迫使他重新思考，机器可能不仅拥有执行能力，还拥有创造力。

此时此刻，李世石已被这位非凡的对手震慑，他不再一味追求胜利——在双方五番棋中，他已经输了——而是力争漂亮地结束比赛。在接下来的第四局比赛中，他用第 78 手回应了上一局的第 37 手棋：这是一个巧妙的应对之举，使他克服重重困难取得了胜利，这也是 AlphaGo 至今唯一输过的一盘棋。在韩国和世界其他各地，人们暂时收起同情之心，开始庆祝这局胜利。

在首尔的那一周里，这位当时世界排名第一的棋手孤军奋战，与一个他从未想过会面对的独特对手展开较量，而他所代表的也是一个自己从未想过会代表的团队——人类。其间，他只是偶尔在赞助比赛的豪华酒店的露天庭院里抽上一支烟聊以排遣。两者之间的较量最令人难忘的不是最终结果，而是人类——李世石本人和那些开发出他的机器对手的人——所表现出的惊人能力。[5]

在韩国取得胜利的 AlphaGo 的幕后公司 DeepMind 的座右铭是："首先，解决智能问题；然后，用智能解决其他一切问题。"[6]智能作为一种新创造的引擎，必将改变我们对一切存在的认知。面对这个巨大的未知，我们可能会不知所措。但至少在某些情况下，以李世石的态度来加以应对可能是明智之举，他在面对人工智能时将后者视为灵感来源，而非对手。

李世石的情况很特殊——他是一位在自身领域处于顶尖地位

的专家，却以实验的形式与人工智能对弈。因此，他可能天生就适合对后者采取一种敬畏和想象的姿态，而不是怨恨的姿态。相比之下，许多人对人工智能的反应则要消极得多。

在看似零和博弈的局面下，尤其是在人工智能可能取代人类劳动的情况下，要避免两者间的竞争尤其困难。在本章中，我们试图探讨这种所谓的零和动态——我们认为这在很大程度上是一种误解——并描述我们所认为的，人类可能因人工智能而获得的丰富而广泛的利益，甚至在一个没有工作的世界里也可能如此。

在历史上的大部分时间里，对身处其中的大多数人来说，劳动并不是一场希望获胜的博弈游戏，也不是一种期待掌握的艺术形式，而是一种绝非称心如意的残酷负担，是通过社会结构迫使被束缚其中的人提供服务来强制实现的。尽管这些结构可能有助于维持社会稳定，但它们也无一例外地折磨着人类的精神。

在《摩诃婆罗多》收入的《薄伽梵歌》中，武士王子阿周那和他的驭夫——乔装打扮的大神黑天——之间的对话，对长期以来为印度社会带来秩序的社会宗教等级制度进行了中肯的论述。当阿周那在战场上就是否向自己的亲族举剑而犹豫不决时，黑天毫不含糊地向他解释说，不能偏离职责，不能违背命运："不完满地履行自己的自然职责，优于完满地履行他人的非自然职责。即便在履行自己的自然职责中死去，也是十分有益的，但不要冒险去履行他人的职责。"[7]

在这种情景下，每个人都扮演着特定的角色，无论多么不尽如人意，都是由出身决定的，这并不公平。因此，根据《薄伽梵歌》，"婆罗门（最高种姓）的职责是和平与智慧，士兵（刹帝利）的职责是战斗，中产阶级（吠舍）的职责是农耕和贸易，农奴（首陀罗）的职责则是从事杂役"[8]。只有每个人都忠实地履行自己的职责，社会才能取得成功。今生能做到这一点的人，来生就有机会获得更高的地位；而做不到这一点的人，等待他们的将是下一次轮回的痛苦。

当然，印度种姓并非这方面的孤例。亚里士多德的政治理论涉及严格划分的社会角色和义务。奴隶制以法律、武力和心理折磨为基础，在世界部分地区曾经作为榨取劳动力和强制构建社会等级的主要残酷制度而存在。

在过去的两个世纪里，资本主义民主基本上用精英领导的市场取代了种姓制度和俘虏制；教士们提升了高尚的职业道德所具备的社会价值，学者们则对其加以记录；工人们也已经掌握了谈判和罢工的技巧。但即便如此，无论我们人类的劳动是受雇于神灵，还是受雇于政府，抑或只是为了保障一份谋生工资，我们在工作方面的身心付出总的来说与其说是为了我们自己，不如说是为了服务他人。

许多战争都是由"谁得到什么——为什么得到？"这个问题引起的（借用经济学家埃尔文·罗斯 2016 年畅销书 *Who Gets What—And Why*？的标题），或者说，这一问题的变化导致了战争的发生。地球上相对固定的土地、劳动力和资本供应导致了稀缺性——而不是丰裕性——一直是经济理论和实践的主导范式。激烈的斗争是围绕如何划分已经创造出来的东西，甚至更多的是为了如何分配所剩无几的那点东西而展开的。这些摩擦既涉及社会内部，也涉及不同社会之间。即使在和平时期也是如此，公民们争论着造成社会相对弱势群体的根源，并呼吁重新分配，以解决普遍存在的苦难这一事实。

扩大可用于再分配的财富总量，进而实际扩大再分配财富的数量，将提高全世界人类的生活水平。如果这样的发展以巨大的规模来执行——这种规模是让任何特定社会或社会中的任何实体相信其可获得财富的充裕程度所必需的——就可以超越当代关于温饱的讨论，而将我们的注意力集中在富足之上。

人工智能的出现提供了一个真正的机会，通过将人类的劳动功能转移到机器上，取代了至少一种原始的生产要素。此外，人工智能还将用于研究和开发日益廉价与丰富的原材料来源，作为对其自身的投入。随着人工智能同时应用于制造业，它可以减少任何特定商品所需的资本。诚然，装备这种非人类智能本身仍需要一些不可再生的要素和商品，但如果人工智能被成功地用于寻找或生成这些要素的合成替代品，情况可能会为之一变。人工智能可以重新设计一种新的计算架构，其效率要比现有的高出几个数量级。最终，制造人工智能各组成部分的工厂也可以对此如法炮制。

人工智能可以为各种商品生产更具可持续性的合成替代品，从而开创一个新的富足时代。即使考虑到目前的一些物理和物质限制，人工智能的产出——尽管不是无穷无尽的——也可以达到相当宽裕的程度，足以满足人类所有基本需求，并实现我们的众多期待。这可能会让我们在心理层面不再那么受制于经济学的稀缺范式，以及我们为生存所迫而工作所导致的悲观情绪。

OpenAI 首席执行官萨姆·奥尔特曼根据两个变量对经济体系进行了分析：增长和包容性。[9] 许多社会至少在一个时期内能够实现两者中的一个，但能够持续保持两者的社会则少之又少。对这种关系，奥尔特曼写道：

> 资本主义是经济增长的强大引擎，因为它奖励人们投资于能够长期产生价值的资产，这是创造和分配技术成果的有效激励制度。但资本主义进步的代价是不平等。

换句话说，人工智能及其带来的生产力提高可能会自然而然地催化一种长期的增长。但包容性只能通过选择来实现。

因此，在后人工智能时代，或许解决方案会像奥尔特曼建议的那样，对两种"将构成那个世界大部分价值的资产"征税，即公司——尤其是那些建造、维护和使用人工智能的公司——和土地，后者仍然是固定的（至少在地球上是这样的）。当然，如果人工智能产生的洞察力所带来的劳动价值不在个体人类的责任范畴内，那么这种价值理应得到众人的分享。而且，土地（以及在一段时间内对计算机至关重要的稀土矿物）很有可能成为"后稀缺世界"中为数不多的真正固定的、有价值的、可征税的资产。

但这一建议的前提是，作为再分配主体的国家（或其公认的替代品）和作为潜在征税对象的公司将继续存在。此外，对土地和创新这两者等量齐观的重视可能会引发无休止的，甚至充斥着暴力的优先权争夺战。在人工智能时代，确保公平的另一种设想或许可以从类似于股票市场的功能中找到，即创造并自动在全球分配人工智能模型不断增长的利润所带来的可分割财富单位（货币权利可能与投票权一起出现，就像某些股份一样）。

还有一种可能性是，与其关注人工智能的所有权，不如关注其最终利益的分配。但这种做法会遭到反对，一是因为这种做法显然应该分配生产资料的所有权，二是因为这种做法在实践中需要大量的后勤工作和监控，以确保数十亿人都能以特定的标准获得分配。

另一种选项则是从专利制度中汲取灵感：允许对人工智能发明及其利润拥有独家所有权，以激励改进，但仅限于有限的一段时间；超过一定期限后，假定其安全性已得到证实，该模型便可以被公布（或者，也许可以在新的地区制作副本并构建基础设施），以供共同使用、迭代和获益。

简而言之，人工智能的先驱们可能低估了他们所引发的经济和政治挑战所涵盖的范围。没错，人工智能几乎无所不能。但是，正如萨姆·奥尔特曼所说："它是要做我想做的事，还是要做你想做的事？"[10] 如何来决定"我们"的指涉，"我们"

又是谁？引导这些蕴含巨大可能性的能量，并重新分配这些发展方向所带来的利益，是一项重大责任。未来的决策者必须小心谨慎，避免让工业革命时期蔓延开来的各种社会和经济不平等现象再度固化，然后才谈得上着手通过更多由人类主导的控制结构对此加以纠正，尽管其纠正速度将十分缓慢。[11,12]

如今，先进人工智能的绝大部分收益和几乎独有的控制权都掌握在极少数人手中。他们会放弃自己的优势吗？如果他们这样做了——而且当更多的利益和更多的控制权在国家层面共享时——那么要求将两者全球化的呼声就会立即响起。一个国家会将其主权财富转化为全人类的共同利益吗？有些人可能会说，一旦这个世界不再是零和博弈，将其视为牺牲的心理障碍就会消失。但这是以一种尚未实现的转变为前提的，这种转变似乎与今天的现状背道而驰，而且如果要实现这种转变，它就必须是人类选择的产物。

此外，即使我们能够成功到达一个超越稀缺的世界，也并不清楚届时应如何构建全球人类的激励机制以保持和谐融洽。即使在一个因物质丰腴而令物品"价值"不再至关重要的世界中，依然会充斥着各种"价值观"。那些不以金钱为立身之本的人可能会以宗教、种族、家族血统、教育、道德、技能、审美、幽默感或其他类别为基础进行交流，然后重新部署社会和全球机构。那些不为金钱而战的人也可以为上帝、权力、荣耀或复仇而战。

此外，经济史也证明，人们很难设计出既连贯又有效的系统。我们必须承认，人类在预测技术的长期影响方面一直不甚擅长；就人工智能而言，我们的乐观可能毫无道理，我们的担忧也可能是杞人忧天。

尽管如此，本书的作者们仍相信，人工智能可以作为创造人类财富和福祉的新基准，而这种可能性本身就敦促我们朝着这个方向努力。此外，我们有信心，如果这样的经济和政治方案得以实现，那么其即便不能完全消除之前蹂躏人类的各种劳动、阶级和冲突压力，至少也可以减轻这些压力。

流动性

如果在人工智能时代，我们的物质大大丰裕，那么我们如何才能确保每个人都能以一种无须亲力亲为的可靠方式从新的盈余中获益呢？人类已经在价值分配方面取得了长足进步：从最早的货币（减轻了以前以物易物系统带来的负担），到后来的纸币和硬币等法定货币的反复迭代，再到信用卡、电汇和手机银行等数字发明。虽然这些工具促进了价值在空间上更有效的流动，但由于供应不稳定，它们在对抗时间流逝的保值方面往往难孚众望。现代货币项目寻求的，正是价值跨越空间和时间的高效转移。

现代经济仍然是由商品的生产和服务的提供构成的，而不是由其间接、抽象的表现形式。没有市场的货币是无效的，它只会成为用于资源配置的数据库中的一个条目，且在这个数据库中，价值不再具有意义。从信息论的角度来看，今天的货币与互联网连接有许多共同之处，而互联网连接的任何可识别用途同样需要在相关情境下实现。在人工智能时代，如何以最佳方式优化货币的技术属性可能会成为一项在哲学和技术上都极为紧迫的任务。很有可能，世界将需要一种新型的金融网络，来实现货币在稳定的价值存储和便捷的交换手段这两个传统功能间的平衡。

人工智能还能为金融市场和经济政策带来新的动力。我们从抽象原理角度很容易想象出人工智能如何创造财富，即使它们只能访问互联网。虽然我们为了明智地应对这种潜在价值创造规模的出现可以发明出相应的货币、系统、市场和政策，但人工智能究竟将如何解决或消除贫困呢？作为一个实际问题，它将如何为我们的生活质量建立一个绝对的全球基准？

如果人工智能被证明能够在现实中对人类满足基本物质需求所需的物品进行分配，那么其为此目的而在世界各地生产和运输的材料数量将是前所未有的。毫无疑问，这样的冒进会带来很多可能性，但也暗藏诸多陷阱。分布式人工智能系统可能通过大规模制造的机器人和经由人工智能优化的基础架构系统，实现与之前未接入社会网络者的连接。这些新的连接——目前约有 26 亿人尚未被覆盖——将使如今仍缺乏这些基本必需品的全球半数人口获得食物、衣服和住所。[13] 此外，通过运用全新的可持续型合成材料，人工智能还可以在世界各地建设城市，提供住所，调节温度，确保人们获得电力和数字连接，并提供清洁的水、食物、药物和卫生设施。各种复杂的机器智能甚至可以服务于这些可容纳数千万人安居的城市，若非有如此规模，这些人可能就被排斥在这套今天只有极少数人能够享受的繁荣体系之外。

也许这两种选择都会实现，还有我们尚未想象到的其他未来在前方等待。在这种情况下，人类将保留他们的选择权，而且可能比以前享有更多的选择自由。人类不再受出生地、亲属社区或劳动力市场的束缚，如果移民不再是少数流离失所者无法逃避的悲惨命运，而是转变为所有人的自由选择，人们会迁移到哪里？如果由人工智能建造大量同样高生活质量的新城市，我们是否仍会看到从不发达国家向发达国家，或从农村环境向城市环境的大规模移民，就像历史上曾发生的那样？

有了人工智能，人们在组建家庭方面也可能会有更大的心理自由度。有些人可能会选择多生几个孩子，这样就不必再根据哪个孩子生存和成功的机会最大来决定如何在多个孩子之间分配资源。而另一些人，如果年老时不再依赖后代赡养，则可能会避免生育。代际负担可能会消失，使新世代的孩子们能够欣然前往那些以前可能不愿前往的地区，追求那些以往曾不屑一顾的职业。

早期全球经济的不平衡和不对称是由资源禀赋、地理和人力资本等因素的差异造成的。人工智能可以减少人才缺口，均衡资源分配。这将使我们长期以来进行全球贸易和商业活动时面临的主要断层变得不那么重要，这些断层还是繁荣的分界线。今天由于其领土或其他禀赋而处于不利地位的国家，或那些正在遭受"人才外流"之苦的国家，可能会发现自己在新时代有了新的手段，可以将自身经营环境提升到与全球传统经济巨头齐平的标准。

我们如何从今天的国际不平等状况过渡到我们在此所描述的未来？第一步或许是设计人工智能赋能的系统和应用程序，以推动材料科学的发展，优化数字连接，包括为此专门构建数据集，使这些系统能够在全球各类环境下发挥作用。当我们对这些理念进行投资时，我们应该牢记潜在的收益：这是一场深刻的变革，不仅对人类集体生活的整体标准而言是如此，对不同种族、性别、国籍、出生地和家庭背景的个人的生活平等而言也是如此。通过在全球范围内均衡分配智能成本，可以为我们带来一个前所未有的公平竞争环境。

全面丰裕

但是，如果人工智能在发挥经济均衡器作用的同时，使智能成本以及劳动力成本急剧下降为零呢？这将宣告人类历史上一个短暂却极其富有成效的时期的终结，这个时期允许自由社会中的个人通过自己的努力改善自己的境遇。由于稀缺一直是过去的范式，竞争——至少在现代——一直是自我组织的默认条件，这自然导致了结果分配的巨大差异，这种差异关乎个人的抱负与能力，而决定其出生地和出生家庭的命运抽签也同样重要。

所有这一切都意味着，总体而言，在运用自己的劳动或利用他人的劳动方面更加勤奋的人的境况较好，而其他人的境况较差。然而，如果我们取消了以劳动划分优劣的做法，我们还必须面对职业以及与之相关的地位、身份和意义消弭的问题。这确实将是一个完全不同的世界。

我们克服逆境、颂扬卓越，以及为自身体现的显著差异性和多样性感到自豪的天性肯定仍然存在，不过它们需要寻找新的释放渠道。就像曾经有过不均衡的劳动力分配一样，现在也可能出现新的不均衡休闲分配。而且，这一次，这种分布可能不是沿着现有的能力轴线，而是沿着另一种不同品质构成的轴线：好奇心、节制、仁慈，或者可能完全是其他一些东西。

在一个没有工作的世界里，我们中的许多人可能会被量身定制的沉浸式模拟世界吸引并沉迷于其中：一场涵盖视觉、听觉、嗅觉、触觉甚至味觉的感官盛宴，现在都可以通过人工智能在虚拟领域的全面能力来实现。正如第三章所讨论的，数十亿缺乏能动性的人类可能会自主选择或被诱惑而走上这条道路，他们会发现，面对由此带来的感官刺激水平的升级，以及对现实掌控感的提升，他们既难以对此加以抵制，也没有必要如此。

今天，当人们不再为生活所累而疲于奔命时，许多人的眼睛就会盯着电子设备的像素化玻璃屏幕不放。在世界的各个角落，劳累了一天的工人们会退缩到这种更轻便、更纯粹的媒介上进行消费和创作，这是可以理解的。[14] 如果说面对当今相对粗糙原始的技术所展现的那点吸引力，人类尚且需要努力克制自我才能抵御其诱惑，那么我们将如何应对人工智能必将带来的极其优越的"体验机器"（experience machines）呢？[15] 如果我们中的许多人都无法忍受工作带来的痛苦，那么我们将如何抵御无条件的快乐呢？

答案是，人类心理需要与人工智能及其影响共同进化。我们很难准确预测人工智能将如何影响人类，但人工智能对人类所赋予的意义将不亚于它从人类那里所消减的意义，甚至犹有过之。仅有快乐并不能满足我们与生俱来的对意义的渴望。只要手段是艰苦的，或目的是崇高的，工作——即使不是为了报酬——就能提供一种目标感。

克服困难的亲身经历会让人产生一种自豪感。艰苦的劳作，尤其是与投入的热情相结合时，会为我们理解时间、自我和人类驾驭能力提供自己的叙事弧线。考虑到我们人类的心理特点，在人工智能时代，尽管我们的生活肯定会发生无数变化，但许多快乐和满足的源泉很可能保持不变。

这并不是说我们将简单地恢复过去的活动；相反，我们可能会发现人类潜能的一些方面，而这些方面是我们以前尚未大规模追求过的。试想一下，如果人类可集中精力的时间段大为延长，会产生什么样的可能性，而迄今为止，一个普通人每周的工作时间里还未必包含这样的时间段。长时间的心理和精神锻炼可以提升人类的意识。长时间的意识提升则可能反过来促进我们与其他人类（和动物）的联系，加强我们对神灵的感知，并产生有意义的个人幸福感提升。

人类如果能独力完成那些看似人力所不及的壮举，特别是那些涉及运用我们身体突破极限的壮举，无疑将继续引人瞩目。随着越来越多的人类参与并试图驾驭这些活动，可以想见这些活动的水平会大幅提高。将人类推向极限的运动和游戏可能会更加普及，竞技质量也会更高。艺术同样会蓬勃发展，因为原创特性可能仍会保持其魅力。

大学历来致力于让学生平等地学习科学和人文学科。[16] 我们相信，这些典型的人类追求——每一种均以自己的方式"追求意义"（借用一位精神领袖的话）[17]——都会迎来大幅拓展。

在西方，人文学科在古典时期是被视为独立思想标志的学科和技能。在古代中国，唐代画家张彦远首次在《法书要录》中提出"琴棋书画"即"四艺"，它们分别考校音律、视野、策略、书写。[18] 在未来，与职业、专业或技术教育学校相比，我们可能希望复兴一些在人类社会早期培养"博学之人"的尝试，这些人有能力和渴望从事各种各样的职业。世界各地的学校可以培养出我们所需要的哲学家和作家，以适应一个全新的时代。

那些曾专为少数特权阶层保留的科目可能会成为大多数人的标准课程，让普通课堂不再像以往那样仅注重于生产劳动组装。人工智能教育工作者的部署可以在世界各地实现个性化教学和苏格拉底式的研讨会。试想一下，就像年轻的阿尔伯特·爱因斯坦由马克斯·塔尔穆德（后来改名为塔尔梅）辅导，伏尔泰由夏特奥讷夫修道院院长辅导，阿达·洛夫莱斯（写出第一个计算机算法的人）由玛丽·萨默维尔辅导一样，现在每个孩子都能以同样的方式成为自己思想和性格的主人。[19]

我们可以想象，在大学今天所处的校园——忠于其最初的形式，一众宿舍楼围绕着藏书丰富的图书馆，而渴望获得知识并进一步探索知识前沿的头脑则聚集在其周围——可能有一天会为人类团队提供聚集空间，以解读人工智能本身的发现：理解它们，并将其中最出类拔萃的发现转化为与人类生活息息相关的东西。

在这一新的科学分支中，人类可能会选择与人工智能共同进化，以便在前沿领域继续与机器展开合作。或者也有可能，这种进化对于让人类从人工智能的发现中获得最大收益的目的而言并非必需。无论是哪种情况，尤其是在后一种情况中，我们都认为这将是一项异常艰巨的工作，人类需要与机器并肩作战，全天候轮班工作。但无论多么艰苦，这种努力都是必不可少的。

选择的特权

面对人类劳动自动化带来的显见威胁，如今许多评论家都在聚焦于一场新的精神危机的到来：他们认为，在一个共享富足的世界里，我们会变得像不负责任的彩票中奖者一样，被过度的享乐主义征服。在我们看来，这是一种特权主义的观点。要想了解人工智能将为数十亿人——包括那些目前缺乏金钱、网络连接、基本必需品和闲暇时间，因此无法参与我们在此所进行的对话的人——带来的非凡益处，只需回顾一下他们祖辈的命运即可：一代代男人辛苦操作着简陋的机器，一代代女人在干旱的田地里起早贪黑劳作，一代代童工被过早剥夺了童真。如果明天早上，每个人都可以选择停止工作，我们猜想大多数人都会这样做，而少数拒绝停止工作的人之所以有此特权，很可能不是出于义务，而是出于自由选择。我们可以引导人工智能去做那些我们不再"必须"做的事情，这样我们就可以做我们"想要"做的事情了。

正如第三章所详述的那样，我们确实担心大部分人类会成为人工智能生成内容的被动消费者。但这种担忧源于人类好逸恶劳的倾向，而且更令人不安的一点在于，关于人工智能在未来对我们的看法，我们也只能假设揣测而已。换句话说，我们对人类被动性的担忧并不是因为人类失去了有偿工作的机会。其实，关于人们不用工作就能得偿所愿时是如何生活的，我们现在已经有了相应的原型。我们称这些人为富人和退休者。当然，富人——包括许多以前并不富有的人——有时会在多年辛苦积累财富之后不知如何行使他们的选择权。正如托尔斯泰所说:"如果有一个仙女来满足我的一切愿望,我也不知道该许什么愿。"[20]

对富足的适应可能只是一个过渡性问题,而不是永久性的挑战。有些人最初会认为机器劳动的引入剥夺了他们获得满足和快乐的主要来源。毫无疑问,这将是一次令人不快的经历。但对我们来说,这似乎不是对我们告诫的回应,而是人类本能的产物——在既定时期内,人类总会选择锲而不舍,或许是就此踏上新的道路,或许是成为人工智能的伙伴。人类不会畏缩不前,而是会转而成为优秀的思考者和实干家。最终,即便我们建立了分配、连接、参与和教育所需的诸多系统,但在人工智能赋予的力量和启发之下,人类也可能会继续工作,不为报酬,而是为了快乐和自豪感。

科学

人工智能将重新定义每一种创造性事业的可能性，并在每一个科学领域寻找新的结论。作为回应，随后进行的探索几乎肯定会完善和扩大人类的理解范围。正如第一章所讨论的那样，可以想见，甚至极有可能，人工智能将同时向各个研究方向高歌猛进，它在各条战线上取得的成功将得到验证、吸纳，并整合为人类新知识的巨大壁垒。

如果说晚近的过去是由人类在复杂系统工程——微处理器、互联网、喷气发动机、粒子加速器——方面取得的胜利定义的，那么未来便将由人工智能在高维复杂系统——人类经济、生物生命以及整个星球（包括我们自己的星球乃至其他星球）的气候——方面实现的工程来定义。[1]

药圃

人类健康的脆弱性造成的早夭和不必要痛苦甚至比历史上任何冲突或自然灾害带来的死亡都要多。[2] 尽管在过去的两个世纪里，我们已进行了粗略且不甚完备的尝试，以对生命密码加以破译和掌控，但由于缺少一个要素，我们无法更精确、更有目的性地将这一事业进行下去。这个要素便是一种能够足够详细地理解生命密码的智能体。现在，在一种远超人类自身的智慧推动下，我们正在见证一场生物学革命，其甚至可能会改变我们对人类生命的定义。

皇家药用植物园设立于 17 世纪，由法国国王路易十三下诏建立，并由其御医负责管理，是当时规模最大、最先进的药圃。科学探险队远赴爪哇和亚马孙等地，带回了种类繁多、令人眼花缭乱的植物，还有一个专设的植物学家团队对这些植物的潜在药用价值进行细致研究。

不到 10 年时间，这位法国君主患上了肺结核，但当时世上没有任何药物能够减轻他的痛苦或延缓他的死亡。不过这座药圃中也确实成功地孕育出了不少世界上独一无二的疗法。[3] 今天，人工智能有望成为一个与之类似的超级药物图书馆，为人类开辟一个巨大的新药库，用于疗愈疾病，缓解压力，造福世人。

像 DeepMind 的 AlphaFold 这样的革命性人工智能非常善于生成已定义项目的新组合，并识别出其中最高性能的属性，其庞大的数据库包含超过两亿个蛋白质结构预测，为全球健康领域开辟了新的前景。人工智能不仅有可能在更多蛋白质（包括新激素、酶和抗体）的工程设计方面取得突破，而且有可能在确定各种疾病的分子原因和开发潜在治疗方法方面攻克难关。相应地，依靠人工智能在分子和基因组尺度上前所未有的分辨率，医疗保健可能会变得越来越个性化——根据每个人独特的新陈代谢特征、成瘾风险、估计耐受性和对潜在副作用的易感性量身定制药物与给药方法。

因此，那些致力于减轻人类痛苦的人类医生将有一个得力伙伴来帮助他们践行医者仁心。机器指令可以指导人类最熟练的双手（如神经外科手术医生的）进行那些长期以来虽一直被认为可能实现，但因风险太大而始终无法安全进行的手术。人工智能已经在帮助寻找通往大脑的非破坏性或非侵入性路径，从机械上消除衰弱的根源，或从生物学上加以治愈。如果问题不是生理上的，而是心理上的，人工智能也可以解决认知能力丧失、精神疾病、心理障碍，甚至可能是孤独感等问题。

事实上非常值得期待的是，人工智能还可以让我们从治疗疾病转向防患于未然，从而减少治疗的必要性。人工智能系统作为时刻保持警惕的早期预警机制，可以在恶性肿瘤和异常状况发展成严重威胁之前就向我们发出警报。在社会层面，人工智能也有望构建先进的健康监测系统，能够在传染病演变成全球大流行病之前加以识别并防微杜渐。

不过，上述所有设想情境，甚至是那些与预防疾病和早夭有关的，都不过是事后补救的例子。它们是人工智能可提供的手段，能帮助我们减轻或解决目前那些使个人健康水平低于现有福祉标准的问题。但是，它们又会带来哪些能够最大限度地重新定义人类健康的进步呢？

在人工智能的放大下，一些医学进步将从治疗转向延长人类寿命。最新的基因编辑现象证明了这种突破不仅切实可行，且已近在眼前。科学家们利用一种被称为CRISPR-Cas9的生物技术，及另一种被称为"先导编辑"（prime editing）的变体，首先确定了他们想要操作的特定基因序列。然后，预先设计好的RNA（核糖核酸）链可以引导另一种特殊的酶到达该序列上的目标DNA（脱氧核糖核酸）片段，打开它并进行必要的更改和修正。通过使用这些工具及其后续改进工具，我们不仅有可能战胜自己的缺陷，而且有可能战胜死亡本身。

然而，死亡一直是上天强加给人类的桎梏，任何试图逃避死亡的行为都会受到惩罚。古艾菲拉（现科林斯）国王西西弗斯狡猾奸诈，因触怒众神而被囚禁在冥界。他耍了个花招，用自己的镣铐捆住了死神塔那托斯，逃回了生者之地。但是，由于死神被困，没有任何人（或任何生物）死亡，整个地球化为了地狱。老弱病残遭受着无尽的痛苦，牲畜无法被宰杀食用，动物也无法被杀死献祭给神灵。

还有更多的故事，但危机最终在希腊战神阿瑞斯的干预下结束了，他释放了塔那托斯，使西西弗斯得以第二次逃离"塔耳塔罗斯"深渊，危机才得以结束。但事情到此为止了：在第三次越轨行为得逞之前，这位古希腊国王就被作为反面典型而受到惩罚。

死亡仍然是生命的大均衡器。有人认为，中国古代皇帝秦始皇[4]——早期追寻长生不老药之人——也因服食了太多的水银而死，并由庞大兵马俑陪葬。寻求长生不老，有时结果似乎只会适得其反。

此外，死亡带给我们的无常也有其好处。它能让我们集中精力，使我们的努力更有紧迫感。正如美国作家杰克·伦敦得意扬扬地宣称："人的职责是生活，而不是存在。我不会把时间浪费在延长生命上。我将利用我的时间。"[5] 托尔斯泰则引用苏格拉底的话写道："我们离真理越近，便离生活越远。"[6] 伟大的物理学家冯·诺依曼在癌症晚期弥留之际，要求一位天主教神父陪伴他度过最后的时光——他的信仰不再与他开创的不可知论科学相悖。[7]所以，难道死亡真的毫无用处吗？

也许在今天，抑或在明天，我们可能就会需要对人工智能能在多大程度上延长我们的生命一事加以检视。当"人皆难逃一死"的宿命之剑不再高悬于我们头顶时，人类的心理可能会发生难以言喻的变化。在适当的时刻，社会可能需要集体决定人类理想的生命长度，并在这一过程中回答随之而来的形而上学和精神问题：人类的长寿仅仅是社会期望的产物吗？或者，我们是否应该把人类的寿命，无论是自然赋予的还是神赐的，看作对任何个人力量的神圣约束？这些问题比任何个人对最佳生物学年龄的孜孜以求都更为深刻。

即使生命的总长度没有改变，将来我们或许也能保证自己的生命不会因生物脆弱性而过早衰老。但是，过分执迷于消除这种缺陷也可能会产生副作用。我们之所以受到尊敬，不正是因为我们战胜了包括疾病在内的各种挑战吗？另一方面，即使我们治愈了人类的所有疾病，或者将自己的肉体改造成百病不侵之躯，人类仍然会在其他方面显现脆弱，如人身事故、经济崩溃、悲伤心碎。

在 1833 年的一次巴黎之行中，拉尔夫·沃尔多·爱默生为皇家药用植物园所倾倒，他惊叹于自然世界呈现的多样性和纷呈形态远比工业革命时期的机器先进得多。[8] 在当时那个技术混乱无序的时代，人们迷失了方向，大西洋两岸弥漫的是一种对技术混杂着敬畏和恐慌的模糊情绪。爱默生从那个"著名的自然奇观宝库"归来后，来到马萨诸塞州的乡村，并在所见所闻的启发下，阐述了人类的应对之策，将自然世界重新置于机械化世界的中心。他开出的药方强调了生物学曾经如何引导我们度过对这个世界依旧懵懂的时代，同时也有力地提醒我们，人类仍然是"我们身体状况经纬度的最终定义者和地图绘制者"[9]。

在爱默生该次拜访的半个世纪后，即在皇家药用植物园成立两个半世纪后，经过一段时间的激烈革命和园长的改弦更张，它不再只为满足国王的需求，而是成为一个历史博物馆，展示一种当时颇具争议的新理念。它的名字是：进化大厅。[10]

在人工智能时代，随着某些相应工具的出现令人类自我工程的前景为之提升，进化将被重新定义。例如，现代仪器所能进行的大部分基因编辑仅限于体细胞或非生产性细胞。然而，有些基因编辑可以在生殖细胞上进行，而生殖细胞的特征可以通过生殖方式遗传。可以想象，有些人可能会决定纠正自己后代的先天性疾病。还有一些人可能会走得更远，选择为后代植入先天优势——这些优势可能不属于生身父母的任何一方，或者在极端情况下，不属于任何其他人。这将不仅仅是人类种族的提升，而且可被称为人类的重新设计。

我们可能很快就有能力决定自己所属物种的进化速度和方向。这一观点在今天就像爱默生时代的进化论一样备受争议，这一前瞻性议题提出了一个显而易见却隐晦难明的问题：完美的人类是什么样的？不同的社会都曾提出过这个问题并给出了各自的答案，在某些情况下，它成为"科学"和政治事业的基础，造成了巨大的人类悲剧。因此，我们还必须惴惴不安地问上一句：我们是否还应该试图找出答案？

也许这种实验是亵渎神明的。又或者，人类发明这些技术的能力本身就暗示着，我们所认为的极限总是要被打破的。如果真有造物主，那么我们的诞生是否就是为了最终创造我们自己？如果是这样，我们是否有责任确保在人工智能时代保持人类的能动性？对于这些问题，不同的社群会有不同的答案，但谁也无法逃避对此做出回应的紧迫性。

地球工程

地球的历史其实充斥着剧烈变动，其变动程度之甚不亚于人们对它的误解之深。适合生命繁衍生息的气候条件只在非常短暂的窗口期出现。温度再低一点——已经发生了不下五次冰期——我们的地球就会变成一个荒凉的冰冻岩石球。而如果再热一点——就像现在正在发生的——地球就会呈现一番炼狱景象。[11] 在陀思妥耶夫斯基的《卡拉马佐夫兄弟》一书中，魔鬼告诉伊万：

> 要知道，现今的地球本身也许经历过十亿次反复的变迁；它渐渐老化、冰封、开裂、崩溃、分解为各种元素，又变成"空气以上的水"（《创世记》1:7），以后又有彗星，又有太阳，由太阳又诞生地球——如此周而复始或许已经

过无数次循环，而且始终是同一种方式，丝毫不差。实在乏味得够呛。[12]

虽然我们可能不会像这名堕落天使那样为这种循环气恼不已，但我们确实知道地球地质历史的周期性。造成地球先前五次大灭绝的原因多种多样——从瞬时发生的小行星撞击到逐渐形成的冰川——都是地球气候的极端变迁所带来的。[13]

当然，今天的问题是地球正在义无反顾地加速迈向新的高温极端。这个问题实际上可分为两个独立的问题，不过都源于对碳的过度依赖。我们这些作者相信（也许是乐观地），这两个问题都是由化学作用引起的，并最终可以用化学方式来解决——如果我们可以利用人工智能来解锁化学的全部能力。

第一个问题是全球变暖问题。我们目前面临的困境是由过多、过快地将化石碳从地下深处的岩石圈转移到地面上活跃的生物圈造成的。[14] 作为应对的气候系统工程有两大应用领域，在理论上一直很难实现，在实践中更难检验。但是，在我们停滞不前之处，人工智能可能继续前行。其中一个应用是碳清除，它可以逆转过量碳的转移，这里指的是将碳从大气层转移回地下的岩石圈。该领域的主要解决方案是基于 20 多年前发现的简单化学原理。而人工智能可能会找出一种新的、更有效的方法。[15]

另一项应用是太阳能地球工程（solar geoengineering）：向大气中释放某些粒子以反射阳光并"冷却地球"。太阳能地球工程与碳清除一样，可以减少气候变化带来的影响，使我们能够避免碳积累带来的一些最极端后果（然而，两者都无法从根本上解决气候变化问题）。其他设想中的这类天空工程计划需要模拟超级火山喷发时向高空喷射的大量物质颗粒所产生的效应。如果对此进行大规模尝试，日后回过头来看，这可能会被认为是粗疏冒险之举，碳清除也一样。

然而，如果人工智能能够整合来自陆地、海洋和太空各处仪器的数据，就可以创建一个非常详细的地球气候实时模型。在高精细度水平上，我们星球的大气化学可能不会像我们所见的那样是一个混乱的系统，而只是另一个由精确的化学输入和输出组成的工业过程，所有这些都能够进行精确的管理。

人工智能还可以对那些可能对地球岌岌可危的气候平衡产生威胁的一次性突发事件做出反应，无论其是将大量物质喷入高层大气的超级火山爆发，还是带来"核冬天"的原子弹爆炸——当然，在后一种情况下，人工智能也只能防止生态崩溃，而对直接的人道主义灾难无能为力。尽管如此，通过在地球范围内进行干预，一个专注于对我们的气候进行精确监督的人工智能将能够很好地保持我们家园的宜居性。

因此，我们认为，在一场常被描绘为我们无力取胜的战斗中，人工智能带来了胜利的希望。然而，即使人工智能被证明能够进行这些干预，过于依赖它们也将是危险的。这种援助只应被视为一种补充，而不是替代。

此外，第二个问题——有别于前述全球变暖问题，而是能源问题——仍然需要一个单独的解决方案。由于碳氢化合物是我们最重要的能源来源，其生成需要数百万年，而消耗却只需数百年，因此，无论大气成分到底会如何变化，人类现在都不得不寻找一种替代的行星级能源。[16]

如果我们认为人工智能可以调节大气化学成分的构想在大体上是正确的，那么它或许也可以对我们的能源产品如法炮制，设计和生产新的无碳产品，以取代有问题的前代产品。我们可以想象，人工智能会在虚拟仿真或物理实验室中测试和调整数百万个合成替代品，直到找到石油、天然气和煤炭的零碳替代品。

理想情况下，人工智能还可以设计出经过优化的微生物来生产这些新燃料；它还可以设计出相应的工艺流程，以使新燃料的生产适应现有炼油厂，并在传统设备上运行——在相同的地点，使用相同的机器，但不再使用相同的方法生产能源，如此这些可持续的替代品不仅可以与现有生产基础设施兼容，还可以与运输和消费环节兼容。另一种可能性是，人工智能将最终令受控核聚变变得可行；这不仅能解决我们地球的能源问题，还能解决我们有朝一日可能身处其他星球时的能源问题。

有些人会反驳这些想法，认为它们不切实际（尤其是考虑到我们眼前挑战的紧迫性），或并不可取。也就是说，与我们让大自然保持原样的愿望相悖，这种愿望类似于我们努力保持自己本能的想法。正如厄瓜多尔土著环境学家内蒙特·能基莫所告诫的那样："地球并不期望你拯救她，她期望你尊重她。"[17]

我们相信，我们的乐观主义符合尊重自然和保持谦逊的要求。我们也承认，我们唯一所知的便是未来是不可知的。我们绝不建议或暗示需要超级智能来帮助我们摆脱自己造成的困境。即使没有机器智能的帮助，人类也有足够的能力做到这一点。相反，我们应该加快步伐。尤其是当我们认识到人工智能的训练和推理很可能会消耗大量的能量时，就更应该加快进度了。如果我们不能有意识、有针对性地为此付出努力，如同我们在此所描述的一般，那么这些智能程序只会使我们本已严峻的环境更加恶化。

与此同时，如果基于硅基芯片的智能确实能够为碳造成的问题提供更多的解决方案，那么我们对这一机会加以探索将是明智之举。尤其是考虑到发展中国家所能获得的巨大潜在利益——这些国家受气候变化问题的影响最为严重，而且如果世界对全球能源消耗实行硬性限制，这些国家也将面临具体困难。

人工智能往往被视为人类破坏性哲学的另一种产物，而这种哲学正是造成当前气候困境的罪魁祸首。我们担心，这种观点过于短视，可能导致我们错失重要机会，也就是修补现状，而不是退回到前工业时代的机会。正如 1940 年温斯顿·丘吉尔所希望的那样，我们也希望见证"新世界以强大磅礴的力量前来拯救并解放这个旧世界"[18]。

走出我们的星球

在中国西南部的深山中，人们屏息凝神，耐心地等待着宇宙的寂静之海中传出的第一声呐喊。这个偏远的地方是地球上最大的单口径球面射电望远镜的所在地——一个巨大光滑的金属圆盘，就像遮挡它的山峰一样庞大——这是一台被称为"中国天眼"的机器，寻找我们星球以外的生命是其使命之一。宇宙如此浩瀚且历史悠久，意味着它理应是一个充斥着其他各种文明——或者至少是来自早期文明的残留——信号的喧嚣之地，可事实上，它却几乎是一片死寂。

我们以为我们知道该寻找什么。我们试图猜测一个足够先进的文明可能已经开发出什么样的技术，并预测我们可能看到或听到它们发出的哪些信号。但在遥远世界的大气中扫描原子能量的闪光，或在密集的星域中筛选异常大型物理结构时，我们受到了仪器——也包括我们的想象力——的限制。

如果在我们的星球之外存在生命，那么在这个前哨站值守的中国天文学家可能是第一个听到它所发出声音的人。[19] 但我们现在不禁要问，我们人类是否真的有可能实现"首次接触"？也许这一壮举将由另一种异质智能体完成——一种诞生于我们自己星球的智能体。

人工智能已经在帮助我们倾听和寻找地外生命，筛选数十亿个更古老的技术信号，将人为干扰造成的信号与潜在的外部来源信号区分开来。[20] 在人类只能听到静电嘈杂声的地方，人工智能却可能识别出以前无法破译或被忽视的通信。

伽利略曾经把我们的宇宙描述为一部用数学语言写成的"恢宏巨著"。如果外星生命体也像我们一样学会了这种普遍而精确的表述和推理方法，或者如果它们的语言和我们的语言一样，可以被翻译成数学形式，那么我们或许就能解读并回应它们的信号。更可能的情形是，这一努力即使不是由人工智能主导，至少也会得到其协助。

人工智能的表现可能远超被动的观察者和接收者——它不仅仅是翻译，还可以是冒险家、引导信标和侦察兵。人工智能可以充当宇航员，去到人类无法想象的更遥远星际。未来的人类甚至可能与他们的人工智能伙伴一起走出太阳系。他们可能会一同发现消失已久的文明的遗迹，并揭示它们灭绝的原因——或许还会让我们以之为鉴，了解自身未来可能遭遇的危险。熟悉外层空间的人工智能可能会发现新的、丰富的有机物质。在遥远的未来，它们可能会帮助建造行星巨型构造，以保护地球免受彗星和小行星的撞击，或被黑洞吞噬。人工智能系统还可以设计行星的大气层，以适应我们的生命形态，或帮助人类调整他们的生理机能，以使其更容易适应另一个生态系统。

当然，人工智能可能会成为我们文明失败的肇因——让我们与另一个来自外星但充满敌意的智能体接触，从而终结人类。例如，人工智能可以向太空发出更响亮、更持久的信号，向在黑暗中聆听的任何生物昭示人类文明的存在。它还可以探测其他有生命的星球，大大增加找到这些星球的概率，但不告知这么做会招致什么后果。一些人认为，如果我们要进入太空探索领域，我们应该只有在达到一定的技术水平，使我们能够保护自己免受任何可想象敌人的侵袭后才去付诸行动——这表明人工智能是与外星生命相遇的先决条件，也是在此之后的安全保障。但如果我们遇到一个生物学范畴外的智能物种，即便是我们的硅基伙伴也无法保证我们受到欢迎。

当然，人工智能可能导致人类文明终结的另一种方式是与人类错位发展（如果我们发现另一个星球上的生物生命因机器而灭绝的证据，这种可能性就显得更加紧迫了）。千百年来，我们对地球以外生命的迷恋充斥着我们的著作，催生了我们的宗教，更让我们的天文学家沉迷于其中。我们认为，相比眼下更有可能发生的一幕，人类对遥远世界的思考反而更为持久，也更为投入——这一幕便是在地球上与我们自己所创造生物的"首次接触"。比起理解和构想那些与我们相隔遥远时空之外的生物的本质和意图，我们应该给予这颗星球上与我们同在的智能体同等关注，甚至更关注后者——这将是下一章深入讨论的主题。

即使由人类和人工智能组成的团队没有发现外星生命形式或开辟通往外星球的道路，他们也可能获得有用的、以前从未接触过的外星知识。我们可以与人工智能一同提升对宇宙范围、时空性质、恒星系统稳定性以及天体物理学中重力性质的理解。人工智能的机械建模可以缩小恒星的距离，压缩和扩展人类在地球上的时间，扭曲和延伸我们对宇宙所有边缘和相位的感知。

人工智能赋能的天体物理学研究，可以使人类更深刻地了解，在难以想象的远古时代，我们从何而来。长期以来，宗教的宇宙学一直试图为这些人类起源的问题提供哲学或神学答案。我们在宇宙探索的下一阶段所发现的——必然会涉及我们最深邃的过去——可能会影响到我们对一些人类最神圣信仰的观感。伊斯兰教最神圣的遗物是麦加神殿内的一块陨石——黑石，而麦加是穆斯林世界的仪式中心，这也许是有原因的。[21] 也许卡巴拉学说 ① 的 "kefitzat haderekh" 概念——其希伯来语的意思是在短时间内往返于两个遥远地方的神奇捷径（字面意思是 "道路的收缩"）——还有更多的含义。[22]

史蒂芬·霍金与其合著者列纳德·蒙洛迪诺在《大设计》一书中写道："过去，就像未来一样，是不确定的，只是作为一系列可能性而存在。"[23] 目前，这就是人类的认知。至于我们现在开发的这些精确的机械智能是否能够消除这种不确定性，只确定一个现实，尚不得而知。因此，我们的创造物可能会传递一个单一的宇宙故事，一个既普通又特别，既渺小得不可思议又近乎奇迹的故事。

---

① 卡巴拉学说，即从基督教产生以前开始，在犹太教内部发展起来的一整套神秘主义学说。——译者注

——第三部分——

生命之树

战略

在 20 世纪，历史迫使人类社会投身一系列重大事件之中。其中包括两次世界大战的迅猛冲击，以及随之而来的，为防止战火重燃而建立的国际体系；帝国的缓慢衰落，以及为促进殖民后重建而对独立国家的组织；商业和技术力量的迅速扩张；以及为缓和这些力量的推进而加以再次主张的个人、文化和国家的自主权。

在许多方面，人类在该世纪末比以往任何时候都更加和平、平等，联系也更密切。然而，在其他一些方面，我们的共同努力却失败了：人类的基本苦难、全球的不平等以及地缘政治对手之间可能发生的灾难性对抗威胁依然存在，横亘不去。

此外，我们现在面临的挑战更加复杂，更加关乎人类存在，更加不同于以往的挑战，但这一挑战并没有给我们几十年的时间来应对它，更不用说一个世纪了。正如我们在第二章中所讨论的，人工智能时代的时间尺度被压缩，导致留给我们的转圜余地很小，而我们的忍耐纵容可能会导致灾难。在极其短暂的时间窗口内，我们必须齐心协力，以取得比 20 世纪的成就更圆满的成功。

不过，在一个充满动荡的世界中，要开展富有成效的行动不止一条实现途径，且其中大多数只需要我们做出战术性的决定。在这样的时刻，最有效率和最富成效的办法就是确定一项战略的基本要素，以此来指导今天和可预见未来所面临的选择。对战略原则的阐明可以为我们可想见的情境设定有效的边界，为孤立的决策提供依据，并在危机不可避免地到来时减轻我们的精神负担。

在我们看来，有一个问题势必会定义我们人类在这个新审判时代的战略。这个问题便是：我们会变得更像它们，还是它们会变得更像我们？这个问题在本书很靠前的部分就已经提出来了，用的几乎是一样的词语。回答这个问题是我们当下首要的，也是最为必要的任务。

本章试图对此给出一个初步答案。在此过程中，我们讨论了一些宏大的、尚有疑问的、听上去可能含混不清的想法，从有机物（生物）和合成物（人工）的"共同进化"，到智能安全和安全智能的本质，再到人类的定义。虽然这些想法本身既不是由上层决定的，也不是由下层确定的，但它们给未来行动者所带来的各种影响却堪称一项艰巨的挑战。然而，尽管困难重重，我们仍不能逃避为理解这些影响并提供和实施合理对策所需的哲学、技术及外交工作。在肩负起这一重任的同时，我们应当庆幸的是，现在为之发奋还为时不晚，唯有如此，在跨过这一历史转折点之后，人类的意愿才有可能占得上风。

共同进化：人造人类

迄今为止，计算机的发展历程一直遵循着人类与机器之间不断加强融合与互动的轨迹。使我们的工具越发贴合我们的需要——这与人类数千年来的实践是一致的。我们以往从未考虑过开发不适合自身解剖结构或智力的工具，而是完全以我们的生物学极限为其设计指导。但现在，人工智能的出现可能会驱使我们中的至少一部分人去考虑一个与之相反的任务：在我们的工具似乎超越了我们自身能力的情况下——正如人工智能有时已经做到的那样——我们是否可以考虑对自己进行工程改造，以最大限度地发挥工具的效用，从而确保我们人类能继续参与到前几章所概述的那些共同事业之中？

旨在更紧密地融合人类与机器的生物工程尝试已在进行之中。以通过人脑芯片实现物理互联为开端，这些工程寻求以一种更快捷、更有效的方式来连接生物智能和数字智能。[1]建立这样的联系可以增强我们与机器交流沟通的能力，以机器自身的方式向它们提出质询，确保人工智能收集的知识最终传授给人类，并使人工智能相信人类作为其平等伙伴所具有的价值。

事实上，构建这种"脑机接口"（BCI）的尝试不仅可以促进人类与机器的融合，而且这种神经工程可能还只是迈向两者真正共生的中间阶段。要实现与人工智能的真正平等，可能需要我们超越这个仅限于个体改造的阶段。例如，一个社会可能试图设计一种遗传基因系，其专为与人工智能合作的适应性而定制。生物智能和人工智能之间的这种新的相互联系，可能会巧妙回避人类在吸收和传播知识方面的低效，或使这个问题从此成为过去时。

但是，这种做法伴随的危险——伦理、生理和心理上的——很可能会让我们得不偿失。如果我们成功地改造了我们的生物特征（很可能是通过使用人工智能来实现），人类可能会失去立身之本，使我们未来在思考自身作为一个物种所面临的可能性或危险时失去相应的依据。但如果我们不能获得这种新能力，我们则可能会在与我们的创造物共存时落于下风。从目前的状况来看，极端的自我改造可能并无必要，事实上，本书的作者们也认为这通常是不可取的。但是，那些现在看来尚属不可思议的选择，可能很快就需要被当作现实来加以正视。

与此同时，当我们不再是地球上唯一，甚至不再是主要的行为体时，在试图把握自己的角色时，不妨从生物共同进化的历史本身来对我们的思维扩展一番。查尔斯·达尔文用大量篇幅描述了物种相互影响、彼此进化的奇妙过程。[2] 虽然达尔文在他的著作中从未使用过"共同进化"这个词，但他是最早认识到这是地球上生命进行组织的主要力量的人之一。

相互作用的物种的基因组是彼此相连的；随着时间的推移，它们会相互改变。例如，蜂鸟细长的喙和某些花朵的长漏斗形态共同生长到了更极端的维度，以满足彼此的共同需求。虽然达尔文时代的宗教领袖认为，这种习惯性的适应是神的设计存在的证明，但达尔文却为另一种解释提供了证据。

共同进化可能并非地球物种所独有。在天体物理学中，有一种理论认为，整个宇宙的扩张都可以归因于共同进化，黑洞和星系以相互依赖的方式发展，与蜂鸟和花朵间的依存并无不同。[3] 此外，如果说共同进化也可以指涉多方各自设计新的内部安排以应对彼此，那么从这个意义上，我们同样可以在人们的婚姻、政党的纲领和国家的关系中窥见其身影——在冷战期间最终稳定了核动态的进攻和防御演变便是一例。

那么，或许共同进化才是常规，而停滞不前才是例外？如果是这样，我们就必须要问，人类迄今为止是否缺少变化，尽管人工智能诞生本身就是一种自然发展。如果不是，我们应该如何应对？我们是否应该不惜一切代价追求人类的加速进步，无论是出于对进化概念的忠诚，还是出于对其替代情境的担忧？

有些人担心，随着拥有"更高级"智能物种的到来，我们自己也将面临灭顶之灾。那该怎么办？如果这种可能性只不过是共同进化过程中一个合乎逻辑的副作用，我们到底该不该反抗呢？正如法国哲学家阿兰·巴迪欧所言："是海洋自己塑造了船只，它选择了那些按照设计发挥作用的船只，并摧毁了其他的。"[4] 为了在这种情况下延续生存，我们必须学会建造更好的"船只"，就像人类过去所做的那样。在这种情境之下，人工智能首先是我们的主要威胁，然后才是理想的合作伙伴。

然而，如果我们选择这一路径，那么在试图降低一种技术的风险时，我们将自相矛盾地增加另一种技术的风险。在生物学上，或者更糟糕的是，在基因上，有些东西可能会出错。物种形成的过程可能会导致人类分裂成多个品系，且其中一些品系比其他品系强大得多。如果说在某些情况下，这种差异是可取的——例如，创造出一群经过太空生物工程改造的人类——那么，在其他情况下，这可能会进一步加深人类社会内部和社会之间现有的不平等鸿沟。

改变一些人的遗传密码以使其成为"超人"的做法会带来其他道德和进化风险。如果人工智能本身是增强人类智力的缘由，那么它可能会使人类在生理和心理上同时产生对"外部"智能的依赖。目前尚不清楚，在经历人类与人工智能亲密无间的实体纠缠和智力交融之后，人类如何能够轻易克服这种依赖，以便在需要时挑战机器甚至脱离机器。与其他技术的情况一样，人工智能一经采用和整合，就可能导致人类陷入对其难以摆脱的依赖关系。

也许最令人担忧的是我们的集体无知：我们甚至可能意识不到

我们已经与人工智能合而为一。如果我们真的意识到这是一种融合，那么普通人能识别或辨别出一个拥有机器般能力的人类的缺陷，或者说其事实上对人类范畴的脱离吗？让我们暂且假设，与安全相关的问题可以得到显著缓解；然而，人类为了与硅基工具建立亲密的伙伴关系或对硅基工具产生依赖而进行自我设计时，随之而来的精神转变仍将是一种变数。我们这里可以再次引用托尔斯泰的话："如果不控制方向，人们就不会在意目的地。"[5]技术将我们带到哪里，我们就会去到哪里，不管我们是否愿意。或者，正如本书作者中的一位曾经指出的那样："一个国家如果不通过自己的目标意识来塑造事件，最终就会被他人塑造的事件吞没。"[6]此外，如果我们将人类改造得面目全非，以至于无法辨认，我们真的算是拯救了人类吗？删除我们所有的不完美，淡化我们所有的缺陷，可能反而是无视人类的价值所在。从生物学角度"提升"我们自己可能会适得其反，成为对自己的更大限制。

鉴于重重风险所在，让人类进化以适应人工智能的途径不可能是我们当前的首选。我们必须寻找一种辅助或替代方式，以便在人工智能时代维持人类繁衍。如果我们不愿或无法变得更像它们，那我们就必须在我们有能力控制的时候，想办法让它们变得更像我们。为此，我们不仅需要更全面地了解人工智能的本质及其不断发展的特性，还需要更全面地了解人类自身的本质，我们必须尝试将自己对这些本质的理解编码到我们创造的机器中。如果我们注定既要与这些非人生物纠缠不休，又要设法保持我们独立的人性，这些努力就是必不可少的。

共存：类人人工智能

迈达斯国王——历史上小亚细亚王国的君主——曾许下一个著名的愿望，希望他所接触的一切都能变成黄金。希腊的酒神和享乐之神狄俄尼索斯满足了迈达斯的这个愿望，尽管他知道这个愿望并不会带来什么好事。不久，由于触碰到的佳肴和美酒都变成金子无法享用，迈达斯被迫在帕克托洛斯河中洗手，以摆脱他那被诅咒的手指。[7]

在由迪士尼重述的叙利亚故事《阿拉丁》中，一个童工和一个有权有势的阿格拉巴王朝国师争夺对一盏神灯中无所不能的精灵的控制权。[8]每个人都努力引导精灵实现自己的愿望。

国师的最后一个愿望是让自己变得和精灵一样强大，但他没有意识到，拥有如此强大的力量意味着他也将被囚禁在神灯里，服侍其他人类主人，直到获得自由的那一天。

这两个故事都讲述了解封和运用一种我们凡人所无法理解或掌控的力量有多么困难。这场古老斗争在现代的寓意是，很难让人工智能与人类的价值观相一致，也很难让人类的期望与现实相一致。我们应该假定，人工智能会让我们大吃一惊，并且随着智能体或"规划型"人工智能的发展，它们在动态世界和数字世界中让我们为之惊讶的能力也会提升。如前文所述，未来几代人工智能将能够感知现实；它们可能不仅具有自我意识，还拥有自我利益。一个自利的人工智能可能会认为自己在与人类竞争一些东西，比如数字资源。[9] 在"递归自我完善"的过程中，一些人工智能可能会发展出设置自身目标函数的能力。人工智能可以操纵和颠覆人类，挫败我们限制其力量的任何尝试。人工智能已经能够欺骗人类，以实现自己的目标。[10]

如今，我们几乎没有独立能力来验证人工智能模型的内部运作，更不用说它们的意图了。如果智能机器仍然像埃利泽·尤德科夫斯基所说的那样，是"巨大而不可捉摸的小数阵列"，那么随着它们变得越来越强大，我们也无法指望它们对我们来说是安全的。[11] 因此，最重要的是，我们在学会如何解读智能机器的同时，也要学会如何确保它们对我们安全，这两项使命要双管齐下。

鉴于人工智能目前展现的令人惊讶的能力，我们将如何设法未雨绸缪，而不仅仅是在人工智能的风险来临时兵来将挡？我们需要怎样的远见和效率预见未来发展的全部倾向和一系列可能采取的行动？要知道这不仅关乎我们自己的物种，还事关一个全新物种。我们不能在只有一次试验机会且容错率为零的情况下奉行试错策略。

要让人工智能不那么引人惊骇，加强人们对它的体验、参与和互动也许是无可替代的办法。早期的人工智能开发者曾担心过早地将人工智能暴露在世人面前，而最近的开发者则一直在释放早期模型，允许更多的公众尽可能快速、安全地对其进行试验。工程团队目前正在研究和微调不同的模型，并调整控制系统，而人工智能与全球范围内人口的互动也暴露出了新的担忧。

对人工智能的早期社会化可以通过对其的进一步教育来降低出现问题行为的风险，同时在人类之中，也可以提高对此的意识水平、应对力，并培养一种健康的怀疑精神。每天数以百万计的人机互动有助于测试人工智能可能遇到的最不可能的情况；反过来，公众对人工智能系统的使用，在发现新错误和新风险的同时，也可能有助于加快技术协调一致化的进度。因此，将这些远非完美的人工智能放任于世间，不仅有助于我们适应它们，更重要的是，它们的出现使得我们能够提出更完善的理论，以使它们适应我们。

不过，广泛部署和公开发布可能还不足以揭示与解决当今人工智能的所有风险，更不用说未来的风险了。

但值得庆幸的是，目前人们正在进行大量尝试，以创建一个集成的控制架构，并将其通过预训练注入最强大的人工智能，从而积极引导机器实现合法、无害和有益的用途。

第八章　战略

迄今为止，实现这种人工智能与人类协调一致的方法大致分为两类：基于规则的系统和从人类反馈中"强化学习"。下面让我们逐一介绍。

基于规则的系统类似于预先编程的指令，是程序员管理人工智能行为的一种尝试。虽然这种方法对于简单的任务来说直截了当，但在复杂的场景中却经常会出现问题，因为系统无法进行实时适应。而强化学习就其本身而言则更适合复杂系统，它允许人工智能从与人类评估者的交互中学习，并灵活地适应特定环境。

当然，这种方法也有它的缺陷。为了指导学习，需要精心设计"奖励函数"；任何失误，无论是由于目光短浅、不可预见的情况，还是由于人工智能聪明过人，都可能导致"奖励黑客"的情况，即人工智能在解释模棱两可的指令时，虽在技术上取得了高分，却没有达到人类的实际期望。

今天的人工智能系统被灌输了各种类型的信息，却没有直接体验现实世界，而是通过由数万亿个概率判断组合而成的现实模型来观察这个世界。对它们来说，在这个宇宙中，从一开始就没有"规则"，也没有任何方法来区分科学事实和未经证实的观察。对人工智能来说，一切——甚至是物理定律——都仅仅存在于相对真理的范围之内。

不过，现在人工智能领域已经开始努力纳入人类规则和实例化事实。现在，人工智能模型已经有了一些成熟的机制，通过这些机制，这些模型可以吸收某些实在性的"基本真实"常量，将其标记为最终常量，并将其映射到自己的嵌入空间中；此外，这些信息还可以很容易地进行全局更新。通过这种方法，人工智能模型就能将两个部分——更广泛的概率判断和更狭义的事实真相评估——融合在一起，从而做出合理准确的反应。

但这项任务还远远没有结束，问题仍层出不穷。比如，我们人类该如何为人工智能区分真理的必要属性，并在此过程中为我们自己也做一番区分？毕竟，在人工智能时代，即使是基本原理也会不断被修正和失效。然而，恰恰是这一点，为我们提供了纠正先前错误并开辟新天地的机会。我们知道，我们对现实的概念也可能发生变化，因此，我们不应该把人工智能禁锢在可能错误的"真理"中，这样会阻碍它们重新考虑自己的终极"真理"。

不过，这已是很久之后的事情了。目前，人工智能仍然需要一棵初级的确定的知识树，这些知识代表人类迄今为止推断出的"真理"。让我们的机器拥有这些知识，将使我们能够可靠地强化它们的世界观。特别是，如果我们现在可以根据宇宙法则来调整早期的人工智能系统，那么我们也有可能参照人类天性的法则来依葫芦画瓢。既然我们可以确保人工智能模型以我们所理解的物理定律为出发点，同样，我们也应该防止人工智能模型违反任何人类政体的法律。

在一个人工智能的"法典"中，可能存在不同治理级别的层次：地方、地区、州、联邦、国际。法律先例、法理、学术评论——或许还有其他不太偏重法律的著作——可以同时被人工智能纳入考量。与基于规则的一致化系统一样，预定义的法律和行为准则可以成为有用的约束，尽管它们往往也不那么灵活，设计时考虑的范围也不如实际的人类行为不可避免地要求的那样广泛。

幸运的是，新技术正在接受考验，我们感到乐观的原因之一，在于一些非常新颖，同时又非常古老的事物的存在。

有种东西比任何通过惩罚强制执行的规则更有力、更一致，那便是我们更基本、更本能、更普遍的人类理解。法国社会学家皮埃尔·布迪厄将这些基础称为"共识"（doxa，古希腊语，意为普遍接受的信仰）：这是规范、制度、激励机制和奖惩机制的重叠集合，当它们结合在一起时，就会潜移默化地教导人们如何区分善与恶、对与错。共识构成了人类真理的准则，它是人类的典型特征，但没有人工制品对其加以固化呈现。[12] 它只是在人类生活中被观察到，并被纳入生活本身。虽然其中一些真理可能是某些社会或文化所特有的，但不同社会在这一方面的重叠性也是很大的；数十亿计的人类，来自不同的文化，有着不同的兴趣爱好，他们作为一个普遍稳定且高度互联的系统而存在。

在书面规则无法平息混乱的情况下，未加定义的文化基础却可以做到，这一观点构成了人工智能领域一些最新方法的基石。"共识"的法典无法表述，更无法翻译成机器可以理解的格式。必须教会机器自己完成这项工作——迫使它们从观察中建立起对人类做什么和不做什么的原生理解，吸收它们所看到的一切，并相应地更新它们的内部治理。

在这一灌输"共识"的技术过程中，我们不需要，甚至不希望就人类道德和文化的正确表述达成先验一致。如果大语言模型能够以未经整理的方式吸收整个互联网的内容，并从中找出尽可能多的意义（正如它们已经做到的那样），那么机器——尤其是那些已经发展出接地性（也就是反映人类现实的输入与大语言模型输出之间的可靠关系）和因果推理能力的机器——在吸收连我们自己都一直难以明确表达的内容时，或许也能达到同样的效果。

当然，机器的训练不应只包括"共识"。相反，人工智能可能会吸收一整套层层递进的金字塔级联规则：从国际协议到国家法律，再到地方法律和社区规范等。在任何特定情况下，人工智能都会参考其层级中的每一层，从人类定义的抽象戒律转化到人工智能为自己创造的，对世界信息的具体却无定形的认知。只有当人工智能穷尽了整个程序，却找不到任何一层法律能充分适用于指导、支持或禁止某种行为时，它才会参考自己从观察到的人类行为的早期互动和模仿中得出的结论。这样，即使在不存在成文法律或规范的情况下，它也能按照人类的价值观行事。

几乎可以肯定的是，要建立并确保这套规则和价值观的实施，我们必须依靠人工智能本身。迄今为止，人类还无法全面阐述和商定我们自己的规则。而且，面对人工智能系统很快便有能力做出的数以十亿计的内部和外部判断，没有任何一个人或一组人能够达到对此加以监督所需的规模和速度。

最终的协调机制必须在几个方面做到尽善尽美。首先，这些保障措施不能被移除或以其他方式规避。其次，在控制上必须允许适用规则的可变性，这种可变性基于环境、地理位置和用户的个人情况而定，例如，一套特定的社会或宗教习俗和规范。控制系统必须足够强大，能够实时处理大量的问题和应用；也要足够全面，能够在全球范围内，在各种可以想见的情况下，以权威且可接受的方式进行处理；并且足够灵活，能够随着时间的推移进行学习、再学习和调整。最后，对于机器的不良行为，无论是由于意外失误、意想不到的系统交互，还是有意滥用，都不仅要禁止，而且要完全防患于未然。无论何种事后惩罚都只会是为时晚矣。

我们该如何实现这一目标？私营企业可以在政府许可和学术机构支持下，合作建立"接地模型"。我们还需要设计一套验证测试，以认证模型既合法（跨司法辖区）又安全。我们可能需要一个或多个经过专门培训的监督式人工智能来监督各种"人工智能体"的使用情况，这些智能体在执行任务前会咨询其监督员，这样就可以用单一的道德规范来管理不同的执行情况。以安全为重点的实验室和非营利性组织可与前沿实验室协商，对代理式人工智能和监督式人工智能进行风险测试，并根据需要推荐额外的培训和验证策略。领先的公司可以共同资助这些研究人员的工作——或许可以通过前文讨论的再分配方案之一来实施。

从全球范围内具有代表性的法律和规范，再从人类学延伸到神学和社会学，并从中整理和策划出一套独特的训练集和相应的验证套件——这是必要的，也是可行的。我们的世界需要一个专门的实体，来负责更新和完善训练库、数据集和验证测试的协调对齐。接地模型必须与代理模型相连接，并不断更新，使其与最新版本的共识保持一致。人工智能在适当的能力水平上可以相互制约。训练数据本身应具有民主性和内容包容性，且训练者的加工和输出——包括他们对所训练的人工智能的观察和吸纳的解释——应尽可能透明，其方法和验证测试应公开接受公众监督。

政府监管机构应制定一定的标准，并对模型进行审核，以确保其人工智能符合这些标准。在模型公开发布之前，应该对所有下述内容进行审查：模型对规定的法律和风俗的遵守程度；对表现出危险能力的模型解除训练的困难程度；测试的数量和类型，包括对未知能力的调查。同时也要考虑到追责的可能性，以及在发现模型被训练以规避固有的法律限制时进行处罚的必要性。我们在此指出，这些标准的执行可能会变得极其困难，尤其是随着持续再训练的不断推进；记录模型的演化过程（或许可以通过监督式人工智能来记录）对于确保模型不会成为自我抹去训练内容的黑盒，也不会成为非法行为的避风港至关重要。

一致性问题

将具有全球包容性的道德规范铭刻到硅基智能系统中，是一项艰巨的工作。人工智能系统中必须加以制定和灌输的规则的数量与种类之多，足以令人瞠目。任何一种文化都不应该指望把自己所依赖智能的道德强加给另一种文化。因此，对于每个国家，机器必须学习不同的规则，包括正式的和非正式的、道德的、法律的和宗教的，以及在理想情况下，针对每个用户的不同规则，并在总体基线约束之下，为每个可能的查询、任务、情况和背景学习不同的规则。

由于我们将利用人工智能本身作为其解决方案的一部分，因此技术上的困难很可能是相对比较容易应对的挑战。这些机器具有超人的记忆和服从指令的能力，无论这些指令多么复杂。它们也许能够学习并真正遵守法律和伦理规范，和人类一样，或者比人类做得更好。尽管我们人类在这方面已经历了数千年的迭代，但是更大的、非技术性的挑战依然存在。

主要的问题在于，"善"和"恶"并不是不言自明的概念。任何道德的设计者都必须保持谦卑。正如美国著名法官圭多·卡拉布雷西曾化用《新约》中的一段话来劝诫我们的那样："即使是最优秀的人也必须时刻警惕，以免自己坠落；而最不堪的人也永远可以怀抱希望，期盼得到重生。"[13] 即使在最理想的情况下，这种道德编码的参与者——科学家、律师或宗教领袖——也不曾被赋予完美的能力来代表我们的集体判断是非。有些问题即使是"共识"也无法回答，因为"善"的概念模糊性（或松散性）在人类历史的每个时代都得到了证明，人工智能时代也不太可能是个例外。而当今许多人类社会的特征——持续的迷失和缺乏克制——可能使问题更加复杂化。

我们祝愿我们这个种族的这项伟大工程取得成功，但正如我们不能指望人类在共同进化的长久大业中进行战术性局部控制一样，我们也不能完全依赖机器会自我驯服的假设。训练人工智能来理解我们，然后坐等它们尊重我们，这既不安全，也不可能成功。此外，我们必须认识到，人类肯定不会统一自己的相关行为——有些人将人工智能视为朋友，有些人将其视为敌人，有些人（由于时间和资源的限制）则无法做出选择，只是简单地接受眼前可用的策略。

这种异质性表明，不同国家、地域或群体的人工智能安全水平可能存在可预测的差异。尽管人工智能的普及和开发成本的降低可能会加速人工智能的发展，但也可能会增加其危险性。当今世界的数字和商业互联意味着，无论在何处开发出的危险人工智能都会对其他地域构成威胁。一个令人不安的现实是，要对相关措施加以完美实施，就需要高标准的表现与更低的失败容忍度。因此，不同安全制度的差异性应该引起所有人的关注。

因此，我们敦促协调和加快人类目前还步调不一的一致化努力。无论开展什么项目，我们都必须共同回答一些深刻的问题。这里就有两个此类问题：当人类和机器之间的区别变得模糊不清时，人类被视为一个物种的最低门槛是什么？如果被迫向机器妥协，那么人类不可协商的集体红线是什么？如果对"我们是谁"没有一个共同的认识，人类就有可能完全将定义我们的价值，进而证明我们存在合理性这一根本任务拱手让给人工智能。

有鉴于此，我们必须直言不讳地说，如果对相应技术进行可靠战略控制的机制不可能实现，那我们宁愿选择一个根本没有通用人工智能的世界，而不是一个通用人工智能与人类价值观不一致的世界。可以肯定的是，我们如何就一些问题达成共识——人类价值观的内涵，如何对它们进行判断和商定，以及如何对它们进行评估、激活和部署——是人类在 21 世纪面临的哲学、外交和法律任务。然而，迫于当下面临的紧急状况和技术带来的切实收益，我们亟须建立一套对人类正在孕育的非人智能体的道德约束，并将其尽可能统一。

基于充分的民主意见以及法律和技术专业知识，再加上格外的谨慎，并始终将我们在此描述的滥用和失灵情形铭记于心——如果能做到以上几点，我们相信，向人工智能机器灌输一种道德底线是可能的，成功实施这一点的关键在于人类的步调要保持一致。这样一来，我们就可以跨过新时代的门槛，即使不能对这一时代抱有十足的信心，至少也会在知情的前提下保有一份郑重的希望。

定义人类

随着机器越来越多地具备人类的特质（且如果某些人类通过自我强化而具备机器的特质），这两者之间的界限将变得模糊不清。什么是人工智能，什么是人类，这些定义都将发生变化，在某些情况下甚至会合而为一。因此，在判断我们必须如何跟上人工智能的步伐时，人类需要更明确地指出我们与机器的区别。那么，我们将如何梳理和压缩整个人类经验范围，以方便人工智能理解何为人类的问题呢？

为了避免我们被降格至"低机器一等"或干脆被机器取而代之，一些人希望通过人性与神性的接近，来证明我们的与众不同。另一些人则希望得出更具战术性的结论：哪些决策可以交给机器，哪些不能。我们则建议阐明一种或一组属性，让人类中大多数人都能被其涵盖并围绕其进行定位：这类属性将为"什么可取"提供一个底线，而不是为"什么可能"提供一个上限。

作为起始，我们鼓励对"尊严"进行定义。如果没有一个共同的尊严定义，当人工智能被用作侵犯或损害尊严的方法或理由时，我们将无法达成一致，因而我们的应对措施就会束手束脚。没有对尊严的定义，我们就不知道人工智能在具备足够能力的情况下，是否以及何时能够成为一个有尊严的存在，或者能够完全站在人类立场上行事，或者能够完全与人类一致。人工智能即使被证明是非人类，也可能是一个独立的、同样有尊严的族类的成员，它也应该有自己的、平等的待遇标准。

康德曾提出一种尊严概念，其核心是人类主体作为能够进行道德推理的自主行为者的固有价值，且这种主体不应被作为达到目的的手段。人工智能能否满足这些要求？我们相信，尊严的定义将帮助人类回答其中的一些问题，并鼓励与人工智能实现包容性共存，同时避免过早与人工智能共同进化的武断尝试。

为了保持对自身的理解，也为了确保在机器学习的过程中能够将适当的人类概念传递给机器，我们人类需要重新致力于此类界定工作，且不能局限于学术范畴。发挥能动性、好奇心和自由，重新激发和锻炼我们对其他人、对自然世界、对宇宙、对神性可能的好奇心，这些将有助于我们持续参与对人类界限的重新定义。

我们尤其需要确保，除了价值和权力等传统的价值理念，人类内在的重要价值也会成为定义机器决策的变量之一。例如，即使以数学的精确性也可能难以涵盖"仁慈"的概念。即便对人类来说，仁慈也是一种无法解释的典范，甚至是一种奇迹。就仁慈本身而言，如果不考虑前述"基于规则的一致化方式"而让机器对此加以学习，机器智能可能高估自己的优良表现，而低估人类在这方面的表现。在这种情况下，即使无法作为规则加以灌输，仁慈背后的逻辑也能被人工智能吸纳吗？同样，尊严——仁慈得以发扬的内核——在这里可以作为机器基于规则的假设的一部分，或者也可以由机器迭代学习得出。

明确界定具体的人类属性——特别是那些像尊严一样被广泛纳入国际政治文书和全球信仰的属性——可以在迷失时期指导人类的前行努力，包括在主动和被动之间的选择，自我进化的潜在限制，以及人工智能朝着人类方向的精确转化。

为了说明这一概念的实用性，以下定义可用以抛砖引玉：尊严是一些生灵与生俱来的品质，这些生灵生来脆弱、必有一死，因此充满了不安全感和恐惧，尽管他们有自然的倾向，但他们能够而且确实行使了自己的自由，不去追随自己的恶念，而是选择自己的善念。换句话说，那些能够获得尊严的人，以及那些确实真正获得尊严的人应该得到特别的尊重。

毫无疑问，这个定义并不完美。它可能遗漏了一些无法做出决定的活人——例如，一个有意识但没有反应的人——但我们认为他们值得被承认为有尊严的人，因此有权得到尊重。在这方面，也许应该修改定义，以表明尊严一旦赢得，就不会被剥夺，即使在我们无法继续当初赢得尊严的行动时也是如此。这样的假设和修改可以有无数种。

这是否要求我们敦促那些在强大的人工智能面前选择消极被动的人表现出能动性和积极性？如果积极可行的承诺是任何道德理想的一部分，那么答案是肯定的，应该促进人们以行动实现尊严。根据我们的定义，自由是人类理想的一部分，因此我们可以期待——甚至要求——人类在人工智能时代保留并行使有意识选择的权力。

根据这个定义，人工智能本身能拥有尊严吗？很可能不能，因为人工智能不像人一样出生，它们不会死亡，不会感到不安全或恐惧，也没有自然倾向或个性，因此恶或善的概念可以被它们认为是"他者的概念"。虽然不久的将来，人工智能可能会以其他方式呈现，如具有个性、表达情感、会讲笑话，还能讲述个人历史，在这个框架下，它们应该像文学人物一样被哲学性地加以对待。它们可能体现了人性的元素，但从道德意义上讲，它们并不是真实的人类。

即使是最伟大的文学人物角色，比如莎士比亚笔下的哈姆雷特，也不过是一个特殊的文字组合，曾经写在纸上，如今又被多次复制。"哈姆雷特"无法感受到眼球的刺痛、胃部的翻腾，以及因期望落空而产生的挫败感。"哈姆雷特"没有做出新选择的自由。"哈姆雷特"被困在他的剧中。"哈姆雷特"不是人类，而是人类的一个形象。由一串串代码和一大堆硅片组成的人工智能也是如此。

毫无疑问，有些人因此会抨击这一尊严的定义无论在哲学上还是在实质上都是无济于事的。人们可能会批评它的共同标准太低——由于其过度的可塑性而模糊到足以安抚所有各方；同时也会批评它没有抓住这样一种观点，即人类是因为其自身而值得保护的，而且在某种程度上，我们对自己单纯生存能力的超越是个例外。哲学家叔本华就曾诅咒尊严是"所有困惑和空洞的道德家的陈腐信条"[14]。

但是，尊严，正如我们所定义的那样，有效地支撑着我们的脆弱和失败的可能性，赋予我们活力、自由和彰显我们信念的能力。它指向我们有能力追寻但尚未实现的善，并急切地、严厉地向我们低语：去吧。

诚然，仅有尊严是不够的。在我们与人工智能的未来合作中，还应该具体考虑其他属性，或许还可以将这些属性添加到人性的概念中。但是，我们是否有能力定义和维持人性的核心要素，并将其作为人工智能理解整个人性的基准，现在已是一个具有生存意义的问题，所以努力向人工智能灌输我们的诸多定义这项工作必须现在就勉力为之。

第八章　战略

任何定义都不会一成不变；毫无疑问，随着我们自身身份的转变，我们将需要不断发展人工智能对我们的理解。与此同时，那些更胜于我们的一代新人将继续推进我们对"我们"和"它们"之间动态关系的集体思考，他们中的天赋异禀之人可能会构想出一种人类概念，旨在更强烈地（即使是徒劳地）确保我们作为一个可识别的物种而生存下去。然而，即便如此，我们这代人仍应努力寻求一种更进一步的定义和程序，将人类的境况提升到新的高度。因为，人工智能本身难道不就可以作为最有力的证据，证明人类有能力成为创造的积极参与者吗？

我们的挑战

如果每个人工智能决策都必须由人类进行战术控制，我们就无法获得人工智能带来的益处。因此，以人类道德的基础作为战略控制的一种形式，同时将战术控制权交给更大、更快和更复杂的系统，这可能——最终也许来得比我们想象的更快——是人工智能安全的未来方向。利润驱动或意识形态驱动的有目的的（人类与人工智能间的）错位是严重的风险，意外的错位也是如此；过度依赖不可扩展的控制形式，可能会极大地助长强大但不安全的人工智能的发展。将人类融入由人工智能组成的团队的内部工作，包括通过人工智能来管理人工智能，似乎是最可靠的前进道路。

虽然开发人性化（或人道）的人工智能是我们的首要任务，但我们也需认识到"人造人类"的某些潜在作用。如果我们能够针对特定能力进行个体自我工程开发，从而使一些人能够在某些方面与未来人工智能所表现的智力相匹配，那么这样的项目可能会很有用处。当然，这种尝试必须是个人选择的产物。本书作者们在此表达的谨慎态度反映了我们的集体困境：进化不能仅仅停留在被设计取代，因为这将是对人性的抛弃。但放弃探索本身——无论是精神的、物质的、科学的还是哲学的——也会造成同样的结果。

在人工智能时代，"设计我们自己"和"与我们的创造物相一致"之间的张力很可能成为我们前进的指南针。这两种需求都是令人向往的，但也可能都是保守的。至于这两种需求在多大程度上会被视为根本性的矛盾，目前尚无定论。如果我们在这个新时代对人工智能无限探索的能力不加限制，我们

第八章　战略

将面临陷入被动的风险或更糟糕的，即被完全瘫痪的风险。但是，如果我们追求控制最大化，以给人一种安全的错觉，那么我们就会限制自身潜能的充分发挥。我们能否通过重申一种共同的、不断发展的人类概念，来有效地调解我们的力量——不断进步的设计和发现能力——的行使呢？

我们渴望的是一个人类智能和机器智能能够相互赋能的未来。要实现这一目标，每种智能都必须充分了解对方。确定"我们是谁"只是第一步，因为人类的定义并不是一成不变的。要让我们的机器和我们自己都变得易为人知、一目了然和真实可信，还需要做更多的工作。即使我们在某个短暂时刻能达到这一标准，但对我们所掌握的真理和现实进行标定和共享仍将是一项深入和持续的工程。如此一来，有关人类与人工智能共同进化和共存的问题就不仅仅是要一个回答而已，更是要付诸实施。

结语

———

依我们之见，人工智能的降临开启了一次漫长艰辛的信仰探索之旅，同时也是一次逻辑和真理的远征。仅靠理性，无论是一台机器的理性，还是一个人的理性，无法准确思考与非人类生命共存和共演进问题，遑论未雨绸缪了。因此还需要点儿别的什么，需要深植于人性的某种东西。

很久以来人类一直猜想，我们身处的这个宇宙像是一场古代象棋博弈。比我们目前观察到的现实世界年代更久远、规模更庞大的实体无休止地下着这盘棋。观棋时间越久，越有可能看出点儿下棋门道。观棋一段时间后，或许自己还会跃跃欲试。从被动观察到主动参与不是一次逻辑飞跃。化原则为行动从来是一次信仰飞跃。

一次，有人问爱因斯坦他的宗教信仰是什么。爱因斯坦回答说：

> 我们好似一个走进一个宏大图书馆的孩童。图书馆四面墙壁摆放着用各种语言写成的图书，上抵天花板。孩童知道肯定有人写了这些书，但不知是谁写的，又是如何写的。他看不懂这些书的文字。孩童注意到，图书的排列摆放一定不是随意的，让他感到像是一种神秘秩序。他看不明白，只是猜测而已。
>
> 我觉得这似乎就是人类大脑对上帝的思索，哪怕是出类拔萃、学富五车的人也不例外。人类看到一个遵从一定规律、排列组合妙不可言的宇宙，但对其中的规律似懂非懂。人类有限的思维看不懂主宰星宿的神秘力量。[1]

在上帝、我们这个世界，以及现在我们创造出的最新成果面前，人类思维仍然十分幼稚。在逻辑和信仰意义上，看懂我们创造出的东西将是作为一个物种的人类在走向成熟路上迈出的关键一步。但人类还必须再实现一次飞跃，一次信仰飞跃，从观察走向干预。为此人类需要在不确定的环境——自洪荒时代起人类领导人面临的困境——采取行动。行动从来不是指管控一切的特权。不仅不是，而且恰恰相反。在人工智能时代，行动也不会是控制一切的特权。我们不指望今人对人类未来命运的了解会胜过昔日古人对未来的了解。

人类无须因为自己没有能力掌控而摒弃理性，甚或放弃我们对现实世界的投资和采取行动的意愿。然而，伴随人类步入一个与人工智能直接结为伙伴的新周期，本书阐述的特殊推动力将激励我们勇于尝试新旧探索之道。成功与否将取决于对诠释和践行我们的道德信念做出承诺。随着新的真理不断改变此前的既有观念，这样做需要矢志不渝的勇气，还需要有一项一以贯之的战略。

实际上正是对道德的追求推动了人类不断取得进步。不仅如此，人类之所以能超越人类管控（充其量也不过是战术层面上的管控）与人类受益（无论怎么看都是多如牛毛）之间的分裂，恰恰是因为人类道德这一至关重要的基石的存在。由于坚信人类尊严乃是现实存在，本书的几位作者不仅认识到人类与人工智能结盟所具备的潜力，还认识到信仰的不可或缺性。随着科学不断进步并揭开更大谜团的真相，信仰将为未来岁月导航。

虽然人类有诸多共性，但不能指望在未来的选择上会步调一致。被有些人视为能让我们在风暴中站稳脚跟的锚，在另一些人眼里是束缚我们的绳套。被一些人赞誉为攀登一个人类潜力高峰的必要步伐，在其他人眼里是愣头愣脑冲向深渊的愚蠢之举。

在这种情况下，源自本能的千差万别的情感——外加各方划出的主观界限——将造成一种不可逆料的易燃局势。潜在"赢家"和"输家"日趋严厉的立场将增大这种形势的压力。惊恐者会放慢自己的研发步伐，同时破坏他方的研发。信心满满者会隐瞒自身实力，秘密提速研发工作。今后爆发的危机时间表会提速，为此前的人类所未见。人类很快会被危机吞没。目前尚不清楚人类能否存活，如何存活。

人工智能会不会引发这些未来危机，然后扮演人类的拯救者——制造只有它才能解决的问题，仅仅为了证明它存在的必要，提醒人类不要忘了对它的依赖？我们又一次回到本书谈及的很多问题背后的两难困境：管控与功用、有史以来一向独立自主的人类享有的安逸与一个全新伙伴关系带来的种种可能之间的痛苦选择。

这项选择很难，但有必要。这一难题也是可以解决的，只要我们假定人性中含有一种可以诠释的天然的真善。目前正在通过技术手段给我们的机器灌输人类的这种善。我们对这一努力抱有极大信心。然而，即使人类的机器以可证实和可靠的方式与人类道德结合在一起，把责任和权威交给机器也会是一个重大决定，影响到人类保留人与人之间相互关系、政治结构、个人和集体身份的能力的方方面面。近来人类这一物种对自己的上等地位已经习以为常。怀念这种地位的情绪会四处弥漫。在一些人眼里，无论人工智能的最终轨迹是什么，一个变革的世界——哪怕是好的变革——也许与真实存在的现实骤然终止几乎没什么两样。

还有一个悬而未决的问题：何人做决定？何人决定赋予或不赋予责任和权威？何人给予或不给予资源？任何一批决策人将如何与试图做出同样决定的异地决策人沟通，互相靠拢或走向对抗？我们正在挑选这些人，这些会犯错误的人吗？就在现在？我们是不是不知不觉已经选好了人？

本书作者希望能够引起这些决策者的警觉，无论他们是谁，关注人类面临的，甚至是近在眼前的抉择和未来可能会发生的事情。但我们的用意不是不加掩饰地向世人灌输对人工智能崛起的恐惧。突然终止人工智能的应用本身可能会引发一场危机。减速在政治上可能比我们目前走的道路更难以管理，那些人工智能发展势头较慢的国家会陷入高危境地，同时摧毁渴望进一步推进人工智能发展的国家抱有的希望。

无论是盲目信仰，还是没有缘由的恐惧，都不能构成一项有效战略的基础。增长知识需要自我怀疑，但采取行动需要自信。在人工智能时代，更是时不我待。尽管此前人类没有接触过人工智能，也缺乏可以保障人类的理解准确无误的重要经验，但人类必须努力认识人工智能将带来的挑战。人类在肩负这一艰巨任务摸索前行的同时，为了避免一个被动应付的未来，还必须克服正面临的重重困难。

有人也许会把这一时刻视为人类上演的最后一幕，而我们把它看作一个新开端。这一创新周期——技术、生物、社会和政治创新——正进入一个新阶段。该阶段也许会在逻辑、信仰、时间等新范式下运作。让我们以冷静的乐观态度迎接它的诞生。

致谢

——

在将本书献给亨利·基辛格博士的同时，我们——他的两位合著者——还希望借此书向他作为世界知名政治家所取得的惊人成就致敬，向他的战略思维所体现的广度和深度致敬。他在 90 多岁高龄时仍能对错综复杂的人工智能问题加以精准把握，没有什么比这更令人震撼的了。同时，从更为个人的角度，本书也是为了纪念我们这位良师益友的不凡之处。

下面，我们依次对帮助我们构思和准备本书中对人工智能所进行的雄心勃勃的探究的众多同事和同伴中的一些人表达谢意：用我们自己的急切话语来说，这是一个"对人类未来至关重要的问题"。

德米斯·哈萨比斯、达里奥·阿莫代、丹尼尔·胡滕洛赫尔、格雷厄姆·艾利森、穆斯塔法·苏莱曼、迈特拉·拉古、詹姆斯·曼基娅、里德·霍夫曼和萨姆·奥尔特曼影响了我们对这一问题的思考，同时也为我们提供了有关这一主题的技术含义的重要信息和见解。我们非常感谢他们。几位重要的合作者为本书的创作、修改和实质内容的形成做出了贡献。南希·基辛格——她的丈夫在将自己的倒数第二部著作《论领导力》献给她时曾称她为"我一生的灵感源泉"——以她特有的警觉和审慎的目光为本书课题保驾护航。

埃莉诺·伦德是专业撰稿人中的佼佼者。埃莉诺凭借她的雄辩、学识和远见，将她多年来与基辛格博士间的广泛讨论转化为文字，从而共同建构了本书的重要基础、结构和内容。随后，埃莉诺与基辛格博士最信任的朋友兼同事尼尔·科佐多伊以及我们这些合著者密切磋商，以她对细节的敏锐把握、对文本和上下文忠实于作者意图的热忱，以及精妙的编辑技巧，对每一章进行了修订。

约翰·弗格森在本书项目中期加入，他以充沛的精力和娴熟的技巧进一步扩展了本书的论点。他在历史和神话方面表现出了非同一般的才华，也为其散文增添了活力。在我们其中一人欣然提供的指导下，通过不懈合作，他在将书稿完成的过程中发挥了重要作用。说到出版商，我们很高兴地继续与小布朗出版社合作，这家公司几年前曾成功出版了《人工智能时代与人类未来》。该公司的执行主编亚历山大·利特尔菲尔德为我们提供了帮助和鼓励，同时他对叙事清晰度的坚持和对细微差别的敏感同样令人耳目一新。我们同样幸运地得到了制作编辑迈克尔·努恩的专业指导，同时也从罗伯特·D.布莱克威尔和林赛·霍华德的合理策略建议中获益匪浅。我们的经纪人安德鲁·威利为本书提供了重要的代理服务。在整个过程中，基辛格博士的文学遗嘱执行人J.保罗·布雷默和乔尔·克莱因被授权对正在撰写的作品进行审查，并就相关决定进行咨询，他们证明了自己是挚友遗产的忠实守护者，而且深谙此道。

在我们作为本书共同作者的最后创作阶段，以及在本书的营销和推广过程中，埃里克·施密特办公室的团队给予了我们宝贵的支持，特别是亚尼内·布雷迪、纳塔莉·布斯马克、罗伯特·埃斯波西托、盖布·梅迪纳、安德鲁·摩尔和塞利娜·许，以及希尔奇克战略咨询公司的海伦·邓恩、马修·希尔奇克和马德琳·韦斯特。

特雷莎·阿曼特亚、乔迪·威廉姆斯和杰西·勒波林无私地延续并扩展了自己数十年来对基辛格博士全心全意的服务，直到他生命的最后一刻——甚至更久——他们都是不可或缺的。

注释

——

第一章

1. Antonio Pigafetta, *The First Voyage Round the World, by Magellan*, trans. from the accounts of Pigafetta circa 1525 (London: Hakluyt Society, 1874).

2. Ernest Shackleton, *Diary of Ernest Shackleton*, January 9, 1909.

3. Mills Leif, *Frank Wild* (Whitby: Caedmon of Whitby, 1999). Accessible at the State Library of New South Wales.

4. Colin Schultz, "Shackleton Probably Never Took Out an Ad Seeking Men for a Hazardous Journey," *Smithsonian Magazine*, September 10, 2013.

5. Cited in María Jesús Benites, "'La mucha destemplanza de la tierra': Una aproximación al relato de Maximiliano de Transilvano sobre el descubrimiento del Estrecho de

Magallanes," *Orbis Tertius*, 17, no. 19 (2013).

6. Zoe Hobbs, "How many people have gone to space?" *Astronomy*, November 17, 2023 https://www.astronomy.com/space-exploration/how-many-people-have-gone-to-space.

7. See Edward L. Dreyer, *Zheng He: China and the Oceans in the Early Ming Dynasty, 1405–1433* (New York: Pearson Longman, 2007).

8. Roshdi Rashed, "A Polymath in the 10th Century," *Science*, August 2, 2002.

9. 沙玛希耶天文台（Shammasiyah observatory）是在阿拉伯帝国哈里发马蒙的授命之下于公元828年建立的，隶属于巴格达智慧宫下的科学研究院。

10. See *The Life and Writings of Averroes*, trans. Nishikanta Chattopadhyaya (Leipzig: Cheekoty Veerunnah & Sons, 1913).

11. See works by Shen Kuo: https://www.gutenberg.org/ebooks/author/2419; see also https://ia600301.us.archive.org/24/items/pgcommunitytexts27292gut/27292-0.txt.

12. Boris Menshutkin, *Russia's Lomonosov: Chemist, Courtier, Physicist, Poet* (Princeton: Princeton University Press, 1952), 15.

13. Orrin E. Dunlap Jr, "An Inventor's Seasoned Ideas: Nikola Tesla, Pointing to 'Grievous Errors' of the Past," *New York Times*, April 8, 1934.

14. Peter Martin, "Von Neumann: Architect of the Computer Age," *Financial Times*, December 24, 1999.

15. See Edward O. Wilson, *Consilience: The Unity of Knowledge* (New York: Vintage Books, 1998), 326.

16. See Marcelo Gleiser, *The Island of Knowledge: The Limits of Science and the Search for Meaning*, 1st ed. (New York: PublicAffairs, 2015), 8: "A vast ocean surrounds the Island

of Knowledge, the unexplored ocean of the unknown, hiding countless tantalizing mysteries."

17. Demis Hassabis, "AlphaGo: using machine learning to master the ancient game of Go," The Keyword Google Blog, January 27, 2016.

18. Videos of Lee Sedol vs. AlphaGo, Game 2, Move 37, are available online. For further discussion, see Cade Metz, "In Two Moves, AlphaGo and Lee Sedol Redefined the Future," *WIRED*, March 16, 2016; Graeme S. Halford et al., "How Many Variables Can Humans Process?," *Psychological Science* 16, no. 1 (January 2005): 70–76.

第二章

1. See Richard Danzig, "Machines, Bureaucracies, and Markets as Artificial Intelligences," *Center for Security and Emerging Technology*, January 2022; Henry Farrell, Cosma Shalizi, "Artificial intelligence is a familiar-looking monster," *The Economist*, June 21, 2023; for further discussion of the printing press, see Samuel Hammond, "AI and Leviathan: Part I," *Second Best Substack*, August 23, 2023; for further reading on the analogy between AI and corporations, see a more detailed history of the East India Company.

2. 有关人工智能隐喻的扩展讨论，参见 Matthijs Maas, "AI is like…: A literature review of AI metaphors and why they matter for policy," *Legal Priorities Project*, October 2023.

3. 例如，一名律师在一个法庭案件中提交了一份由 ChatGPT 撰写的辩护状，该模型在其中捏造了虚假的"先例"。在这起诉讼中，法官对该律师及其同事进行了制裁。参见 Larry Neumeister, "Lawyers submitted bogus case law created by ChatGPT. A judge fined them $5,000," *AP News*, June 22,

2023.

4. See @porby, "Why I think strong general AI is coming soon,"
   September 28, 2022, *LessWrong* (lesswrong.com).

5. Charles Darwin, *On the Origin of Species* (London: John
   Murray, 1859), 439.

6. Greg Kestin, "The Biggest Puzzle in Physics: Reconciling
   Quantum Mechanics and General Relativity," *PBS*, February
   14, 2018.

7. Plato (380 BC), "The Allegory of the Cave" in *Plato: Collected
   Dialogues*, trans. P. Shorey (New York: Random House,
   1963), 747–52.

8. See Christopher Olah (@ch402), "High-Low frequency detec-
   tors found in biology!...," Twitter, March 23, 2023, 11:52 a.m.;
   Geoffrey Hinton et al., "The Forward-Forward Algorithm:
   Some Preliminary Investigations," *arXiv*, December 27,
   2022.

9. Demis Hassabis et al., "Neuroscience-Inspired Artificial
   Intelligence," *Neuron* 95, no. 2 (July 19, 2017): 245–58.

第三章

1. René Descartes, "Sixth Meditation," *The Philosophical
   Writings of Descartes*, trans. John Cottingham et al., vol. 2
   (Cambridge: Cambridge University Press, 1984), 55.

2. Alfred North Whitehead, *Process and Reality: An Essay in
   Cosmology*, 2nd ed. (New York: Free Press, 1979), 15.

3. See "Debate: Do Language Models Need Sensory Grounding
   for Meaning and Understanding?" New York University
   Center for Mind, Brain, and Consciousness, March 24, 2023:
   https://wp.nyu.edu/consciousness/do-large-language-models-
   need-sensory-grounding-for-meaning-and-understanding.

4. Lauren Jackson, "What If A.I. Sentience Is a Question of

Degree?" *New York Times*, April 12, 2023.

5. 这在量子物理学的某些理论中是正确的，在这些理论中，观察会使现实发生客观变化。从人类对现实的理解来看也是如此，在这种现实中，人工智能的观察可以产生主观变化；参见 Marcelo Gleiser, *The Island of Knowledge* (New York: PublicAffairs, 2015), prologue: "Our perception of what is real evolves with the instruments we use to probe Nature."

6. See Ilya Sutskever's comments in Ross Andersen, "Does Sam Altman Know What He's Creating?," *The Atlantic*, July 24, 2023.

7. 关于"技术人"概念的进一步探讨，参见 Henry A. Kissinger, Eric Schmidt, Daniel Huttenlocher, "ChatGPT Heralds an Intellectual Revolution," *Wall Street Journal*, February 24, 2023.

第四章

1. See Salvador de Madariaga, *Hernán Cortés: Conqueror of Mexico* (New York: Macmillan, 1941), 99.

2. 关于科尔特斯与蒙特苏马二世相遇的这段历史，至今仍然存有争议。西班牙人的著述，参见 Bernal Díaz del Castillo's "The True History of the Conquest of New Spain" (Historia verdadera de la conquista de la Nueva España), late sixteenth century; Hernan Cortés, "Cartas de Relación" (Letters of Relation), between 1519 and 1526; "The Florentine Codex" (Historia general de las cosas de Nueva España), late sixteenth century; Apostolic Nuncio Bernardino de Sagahun's Le-tter, 1524. 对西班牙人的历史版本提出质疑的一种诠释，参见Camilla Townsend, "Burying the White Gods: New Perspectives on the Conquest of Mexico," *The American Historical Review*, vol. 108, no. 3 (June 2003), pp. 659–87, Oxford University Press, the "Annals of Tlatelolco," sixteenth

century, and Diego Duran and Alfredo Chavero, "Apendice-Explicacion del Codice Geroglifico de Mr. Aubin de Historia de las Indias de la Nueva España y Islas de Tierra Firme," vol. II, 1880, 71.

3. G. K. Chesterton, "Lecture 65: Christendom in Dublin," in *Collected Works*, vol. XX (San Francisco: Ignatius Press, 2002).

4. See in particular the Kālacakra.

5. 参阅查马斯·帕利哈皮提亚在斯坦福大学商学院的发言, Nov. 13, 2017, https://www.youtube.com/watch?v=PMotykw0SIk.

6. See Alexis de Tocqueville, *Democracy in America*, trans. Henry Reeve, Esq., in two volumes (London: Saunders and Otley, 1835; New York: J. & H.G. Langley, 1840).

7. Wang Yangming, *Instructions for Practical Living or Record of Transmitting the Mind* (*Chuanxilu*), posthumously compiled by his disciples based on his teachings and discussions after his death in 1529.

8. Abir Taha, "Nietzsche's Superman," *Artkos* (UK: Artkos Media, 2013), 93.

9. Al-Farabi, *Al-Farabi On the Perfect State*, trans. Richard Walzer (Oxford, Clarendon Press, 1985), 253.

10. See T.C.A. Raghavan, *Attendant Lords: Bairam Khan and Abdur Rahim* (Uttar Pradesh: HarperCollins, 2017).

11. See Niccolò Machiavelli, *The Prince*, trans. Tim Parks (London: Penguin Classics, 2009).

12. Leo Strauss, *What Is Political Philosophy?* (Chicago: University of Chicago Press, 1959).

13. See Johan Norberg, *The Capitalist Manifesto* (London: Atlantic Books, 2023).

14. Leo Tolstoy, *War and Peace*, trans. Louise and Aylmer Maude

(Chicago: Encyclopedia Britannica, 1952), 646.

15. See Friedrich Hayek, "The Use of Knowledge in Society," *The American Economic Review*, September 1945, and Thomas Sowell, *Knowledge and Decisions* (New York: Basic Books, 1996), which builds further upon Hayek.

16. See Hannah Arendt, *The Origins of Totalitarianism* (New York: Harcourt, Brace, Jovanovich, 1951).

17. See Friedrich Hayek, *The Road to Serfdom* (Chicago: University of Chicago Press, 1944).

18. Simon McCarthy-Jones, "Artificial Intelligence is a totalitarian's dream—here's how to take power back," *The Conversation*, August 12, 2020, https://theconversation.com/artificial-intelligence-is-a-totalitarians-dream-heres-how-to-take-power-back-143722.

19. Ibid.; see Yuval Noah Harari, *Homo Deus: A Brief History of Tomorrow* (New York: Harper, 2017).

20. Immanuel Kant, *Kant's Principles of Politics*, trans. W. Hastie (Edinburgh: T. & T. Clark, 1891), 36.

21. Hesiod, *The Theogony* (New York: Start Publishing, 2017); Aeschylus, *Prometheus Bound* trans. Deborah H. Roberts (Indianapolis: Hackett Publishing Company, 2012).

22. 灵感源自 2022 年 4 月 17 日劳伦斯·萨默斯在哈佛大学中国论坛上的讲话。

23. See Leo Tolstoy, *War and Peace*, trans. Louise and Aylmer Maude (Chicago: Encyclopedia Britannica, 1952).

第五章

1. Paul Scharre, "America Can Win the AI Race," *Foreign Affairs*, April 4, 2023.

2. William J. Broad et al., "Israeli Test on Worm Called Crucial

in Iran Nuclear Delay," *New York Times*, Jan. 15, 2011.

3. 德瓦克什·帕特尔对 Anthropic（美国人工智能初创公司）首席执行官达里奥·阿莫代的采访。 https://www.dwarkeshpatel.com/p/dario-amodei#details.

4. Jeremy Hsu, "China's first underwater data centre is being installed," *New Scientist*, December 4, 2023.

5. Walter Pincus, "Soviets Had Chance to Develop First A-Bomb, Historian Says," *Washington Post*, July 27, 1979.

6. Graham Allison and Eric Schmidt, "Is China Beating the U.S. to AI Supremacy?" Avoiding Great Power War Project at the Harvard Kennedy School Belfer Center for Science and International Affairs, August 2020, https://www.belfercenter.org/sites/default/files/2020-08/AISupremacy.pdf.

7. 谷歌 DeepMind 和 Meta AI 两家公司均已推出"外交"游戏程序软件，该程序软件在与人类的博弈中胜多败少。 Google DeepMind: János Kramár, Tom Eccles, et al., "Negotiation and honesty in artificial intelligence methods for the board game of Diplomacy," *Nature*, December 6, 2022; Meta: Meta Fundamental AI Research Diplomacy Team (FAIR), "Human-level play in the game of Diplomacy by combining language models with strategic reasoning," *Science*, November 22, 2022; 中国科学院更进一步，推出了政府数据库训练出的机器学习算法。现在中国外交官正使用这些算法审查外国投资项目，对风险做出评估，同时预测如政治动荡或恐怖主义袭击等事件。 Stephen Chen, "Artificial intelligence, immune to fear or favour, is helping to make China's foreign policy," *South China Morning Post*, July 30, 2018.

8. See Herodotus, *Histories of Herodotus*, trans. Henry Cary (New York: D. Appleton and Company, 1904).

9. See Frank McLynn, *Genghis Khan: His Conquests, His*

Empire, His Legacy (Philadelphia: Da Capo Press, 2015), 259.

10. See the section known as "Gylfaginning" (The Beginning of Gylfi) in Snorri Sturluson, *The Prose Edda*, early 13th century, presented as a dialogue between the mythological figure Gylfi, who represents a human king, and the three gods Hárr, Jafnhárr, and Þriði.

11. See Flo Read, "Nick Bostrom: Will AI lead to tyranny?" *UnHerd*, November 12, 2023, https://unherd.com/2023/11/nick-bostrom-will-ai-lead-to-tyranny.

12. Nick Bostrom, "The Vulnerable World Hypothesis," *Global Policy*, vol. 10, no. 4, Nov. 2019.

13. Roger Crowley, *Constantinople: The Last Great Siege 1453* (London: Faber and Faber, 2005), 91.

14. 参阅古代历史和文学中的命匣说。命匣是一种神奇的灵魂神器，据说一些术士用它把自己的灵魂同物质世界联系在一起，如果肉体毁灭，依然可以保存心智。只要术士的命匣完好无损，就无法被永久消灭。因此，他们通常会把命匣藏在异地。北欧流传的一些故事（如《布茨与他的六个兄弟》）提及男人或巨人把自己的心脏存放在他处，即使他们在作战时受伤，也不会因此丧命。

15. G. K. Chesterton, *The Illustrated London News*, January 14, 1911, cited at https://www.chesterton.org/quotations/war-and-politics.

16. Henry A. Kissinger, *Diplomacy* (New York: Simon & Schuster, 1994), 1.

17. Henry A. Kissinger, *Nuclear Weapons and Foreign Policy* (New York: Harper & Brothers, 1957), 429.

第六章

1. Elias Lönnrot, *The Kalevala*, 1835. Compiled from old Finnish-Karelian ballads, lyrical songs, and incantations that

were a part of Finnish oral tradition.

2. Hanna-Ilona Härmävaara, "The myth of the Sampo—an infinite source of fortune and greed—Hanna-Ilona Härmävaara," TED-Ed animation, September 23, 2019, https://www.youtube. com/watch?v=71fLFOjruFc.

3. *Mahabharata*, "Adi Parva" ("Book of the Beginning"), "Vana Parva" or the "Book of the Forest." 约创作于公元前 4 世纪。"丰饶之鼎"出现在爱尔兰史诗故事《第二次马格·图雷德之战》（*The Second Battle of Mag Tuired*）中，该故事可能创作于中世纪，约 11 世纪或 12 世纪。"魔法槌"源自民间故事《打ち出の小槌》（*Uchide-no-Kozuchi*），译为"打出的小魔槌"，与传说中的英雄浦岛太郎有关，记录并编纂于江户时代（1603—1868 年）或更早。

4. See Sam Altman, "Moore's Law for Everything," March 16, 2021, https://moores.samaltman.com.

5. See the documentary film *AlphaGo—The Movie*, produced by Greg Kohs, March 13, 2020, https://www.youtube.com/watch?v=WXuK6gekU1Y.

6. Tom Simonite, "How Google Plans to Solve Artificial Intelligence," *MIT Technology Review*, March 31, 2016.

7. Arthur W. Ryder, *The Bhagavad-Gita* (Chicago: University of Chicago, 1929), 3:15.

8. Ibid., 18:41–44. See James Hijiya, The *Gita* of J. Robert Oppenheimer, *Proceedings of the American Philosophical Society*, vol. 144, no. 2, June 2000.

9. Sam Altman, "Moore's Law for Everything."

10. Ross Andersen, "Does Sam Altman Know What He's Creating?"

11. 参见 Daron Acemoglu, *Power and Progress* (New York: PublicAffairs, 2023)，该书讨论了工业革命的关键技术所产

生的财富最初如何只归少数国家和个人所有。达龙·阿西莫格鲁认为，在中世纪时期，人类其实是非常有创造力和发明能力的，在农业和商业领域有很多创新，但那个时期的主流观点是，一小部分精英认为他们拥有神赋予的权力，他们把提高生产力获得的所有收益都用于建造不朽的大教堂（这并不能有效提高生产力和公共卫生等）。

12. 例如，有人建议，应该强迫独特的公司治理结构考虑非货币因素。

13. International Telecommunication Union (ITU), "Population of global offline continues steady decline to 2.6 billion people in 2023" (Press release: Geneva, September 12, 2023). https://www.itu.int/en/mediacentre/Pages/PR-2023-09-12-universal-and-meaningful-connectivity-by-2030.aspx.

14. Jay Olson et al., "Smartphone addiction is increasing across the world: A meta-analysis of 24 countries," *Computers in Human Behavior*, 129 (2022), 107138.

15. Takes the term "Experience Machine" from Robert Nozick, *Anarchy, State, and Utopia* (Oxford, UK: Blackwell, 1974), 42.

16. 受到斯坦福大学建校宪章的启发 (https://www.stanford.edu/about/history/)：
"大学是一个由研究所、学院、实验室和院系组成的多元化组织，这些组成部分在思想和创新方面相互促进。我们在科学院探索人类的分子密码，在文学院探索对人类同样重要的文化。大学致力于追求和欣赏知识……"

17. Viktor Frankl, *Man's Search for Meaning* (Boston: Beacon Press, 2006), 6: "Life is not primarily a quest for pleasure, as Freud believed, or a quest for power, as Alfred Adler taught, but a quest for meaning." Found in preface by Rabbi Harold Kushner.

18. The "four arts" (*si yi*) are *qin* (a stringed instrument), *qi* (the strategy board game of Go), *shu* (calligraphy), and *hua* (Chinese painting).

19. See Erik Hoel, "Why we stopped making Einsteins," *The Intrinsic Perspective Substack*, March 16, 2022, https://www. theintrinsicperspective.com/p/why-we-stopped-making-einsteins.

20. Lev Nikolayevich (Leo) Tolstoy, *A Confession and Other Religious Writings*, trans. David Patterson (New York: W. W. Norton, 1983), 28.

第七章

1. See Donella H. Meadows, *Thinking in Systems* (White River Junction, VT: Chelsea Green Publishing, 2008).

2. 今天，因年老而自然死亡的人数仍然多于因健康状况不佳而非自然死亡的人数。

3. 安托万·德朱西厄将咖啡树从爪哇带回巴黎。参见 Deligeorges et al., *Le Jardin des Plantes et le Museum National d'Histoire Naturelle* (Paris: Patrimoine, 2004), 13–15.植物园最初由路易十三国王的御医于 1635 年创建，用于容纳皇家药圃，并由他们为国王陛下监管。路易十三于 1643 年 5 月 14 日驾崩（享年 41 岁）。关于对亚马孙河的科学考察，请参阅 18 世纪法国测地任务。

4. See Sima Qian, *Records of the Grand Historian: Han Dynasty II* (New York: Columbia University Press, 1993).

5. 杰克·伦敦的文学执行人欧文·谢泼德在 1965 年出版的一本杰克·伦敦故事集的序言中引用了这句话。Jack London, *Jack London's Tales of Adventure*, ed. Irving Shepard (Springdale, AR: Hanover House, 1956), vii.

6. 参考托尔斯泰在 *A Confession and Other Religious Writings*,

trans. David Patterson (New York: W. W. Norton, 1983), 43 中对苏格拉底的引用：苏格拉底在准备迎接死亡时说："只有当我们远离生命时，我们才更接近真理。我们这些热爱真理的人一生追求的是什么？摆脱肉体，摆脱肉体生活带来的一切罪恶。既然如此，当死亡来临的时候，我们又怎能不欢欣鼓舞呢？"在柏拉图的《斐多篇》第62—69节中，苏格拉底讨论了这个问题，当时他的朋友们在他被处决前来见他最后一面。

7. 冯·诺依曼的宗教信仰（或无宗教信仰）一直是人们津津乐道的话题。他出生时是犹太人，1930年为了结婚接受了天主教洗礼，但他并不信教，他的一些同事认为他是"完全不可知论者"。因此，当冯·诺依曼因癌症在医院奄奄一息时，他找到了天主教神父安塞姆·斯特里特马特，向他忏悔，并从他那里接受了天主教会最后的圣礼。这让他的同事们感到非常惊讶。Society of Catholic Scientists, Catholic Scientist of the Past: John von Neumann, https://catholicscientists.org/scientists-of-the-past/john-von-neumann.

8. Maurice York and Rick Spaulding, *Ralph Waldo Emerson: The Infinitude of the Private Man* (2008); Robert D. Richardson, *Emerson: The Mind on Fire* (1995); Ronald Bosco and Joel Myerson, *The Selected Lectures of Ralph Waldo Emerson* (2005).

9. Ralph Waldo Emerson, *The Complete Works of Ralph Waldo Emerson* (Boston: Houghton Mifflin, 1904), vol. 4, no. 12; lecture by Ralph Waldo Emerson, "The Uses of Natural History" for the Boston Natural History Society at the Masonic Temple in Boston, November 5, 1833. Later refined, perfected, and published in his first book, *Nature*, in 1836.

10. 皇家药用植物园建于1635年；法国大革命发生在1789年；进化大厅于1889年落成。1748—1859年，也就是达尔文发表《物种起源》期间，有 70 名不同人士提出了进化论的观点（但没有将自然选择作为其机制）。

11. "冰期"（ice age）一词可能会产生误导，因为从学术上讲，冰期被归为冰川前进（冰川期）或冰川后退（间冰期）的混合时期。虽然间冰期相对温暖，但仍被归类为冰期的一部分。从理论上讲，我们现在所处的时期仍被归类为冰期，因为我们现在正处于间冰期。

12. Fyodor Dostoevsky, *The Brothers Karamazov*, trans. Constance Garnett (New York: The Modern Library, 1900), 783.

13. 这取决于你如何计算灭绝数量；据其他估计，地球曾发生过 20 次大灭绝。其中一些至今仍有争议。

14. Lecture by Dr. David Keith at Gustavus Adolphus College Nobel Conference: "How Might Solar Geoengineering Fit into Sound Climate Policy," September 25, 2019, https://www.youtube.com/watch?v=Ia1AWdmRsMc&t=234s.

15. 钙循环（Calcium looping）是日本化学家于 1999 年首次提出的用于直接空气捕获技术的工艺。参见 Shimizu, Hirama, and Hosoda, "A Twin Fluid-Bed Reactor for Removal of CO2 from Combustion Processes," *Chemical Engineering Research and Design*, 77, no. 1, January 1999, 62–68.

16. 相关估算既复杂又不精确，但有关这一问题的大多数分析得出的时间表仅相差几十年。参见美国能源信息署、斯坦福大学、英国石油公司和能源研究所的各种分析。根据当前和预测的生产与消耗率计算，几乎没有可靠的资料来源表明石油和天然气储量可持续 100 年以上，而煤炭储量也不可能持续200 年以上。

17. Nemonte Nenquimo, "This is my message to the western world—your civilisation is killing life on Earth," *The Guardian*, October 12, 2020. Nenquimo is a member of the Waorani Nation from the Amazonian Region of Ecuador.

18. Winston Churchill's "We shall fight on the beaches" speech, delivered to the House of Commons on June 4, 1940: "The New World, with all its power and might, steps forth to the rescue and the liberation of the old." See *Never Give In! The Best of Winston Churchill's Speeches* (London: Pimlico, 2004), 218.

19. See Ross Andersen, "What Happens If China Makes First Contact?" *The Atlantic*, December 15, 2017.

20. Peter Ma et al., "A deep-learning search for technosignatures from 820 nearby stars," *Nature Astronomy* 7, 492–502, January 30, 2023.

21. 指的是在沙特阿拉伯麦加的清真寺中心展出的克尔白（Kaaba），里面装着一块从天而降的黑色石头，连接着天堂和地球。

22. Yeshaya Elazar, "Kefitzat Haderech: What's the Message of This Rare Form of Divine Intervention?" Chizuk Shaya (blog), November 29, 2009. https://www.chizukshaya.com/2009/11/kefitzat-haderech.html.

23. Stephen Hawking and Leonard Mlodinow, *The Grand Design* (New York: Bantam, 2010), 82.

第八章

1. 有关使用脑机接口与人工智能进行协同进化的进一步讨论，参见 Nick Bostrom, *Superintelligence: Paths, Dangers, Strategies* (Oxford: Oxford University Press, 2014), 63–67; "Brain-Computer Interfaces and AI Alignment," *LessWrong*, August 28, 2021, (lesswrong.com); Tim Urban, "Neuralink and the Brain's Magical Future," *Wait But Why*, April 20, 2017 (waitbutwhy.com); the informal mission statement of Neuralink is *If you can't beat 'em, join 'em."* See original tweet from Elon Musk, https://twitter.com/elonmusk/status/

1281121339584114691?lang=en, July 9, 2020.

2. See Charles Darwin, *the Origin of Species* (London: Pickering & Chatto, 1992), 403.

3. See Erich Jantsch, *The Self-organizing Universe* (Oxford, UK: Pergamon Press, 1980).

4. Daniel Dennett, *From Bacteria to Bach and Back: The Evolution of Minds* (New York: W. W. Norton, 2017), 206. Dennett quotes Rogers and Ehrlich (2008), in a study of the evolution of the Polynesian canoe, quoting the French philosopher Alain ([1908] 1956) writing about fishing boats in Brittany. For further discussion, see Edward Lee, "Coevolution of human and artificial intelligence," Berkeley Blogs, September 18, 2017, https://news.berkeley.edu/2017/ 09/18/coevolution-of-human-and-artificial-intelligences.

5. Lev Nikolayevich (Leo) Tolstoy, *A Confession and Other Religious Writings*, trans. David Patterson (New York: W. W. Norton, 1983), 77.

6. Laurance Rockefeller, Henry Kissinger, et al., Prospect for America: The Rockefeller Panel Reports (New York: Doubleday, 1961), xv.

7. 人们发现的对此最完整的描述来自对奥维德的一位狄俄尼索斯的导师——年老的半人半兽森林之神西勒诺斯的记载, *Metamorphoses*, 8 AD, book 2, l. 110; 其他的描述存在于亚里士多德的《政治学》(公元前 4 世纪) 和亚历山大·波利希斯托 (公元前 1 世纪)。Ariel Conn, "Artificial Intelligence and the King Midas Problem," December 12, 2016, https://futureoflife. org/ai/artificial-intelligence-king-midas-problem.

8. Ron Clements et al. *Aladdin*. Disney: USA, 1992, based on the folktale "Aladdin's Wonderful Lamp," shared by Syrian storyteller Hanna Diyab in 1704 and incorporated by French

translator Antoine Galland into *The Thousand and One Nights*.

9. 人工智能安全中心最近概述了人工智能发展新能力和新目标（包括自我保护）可能给人类带来的一系列生存风险。参见 Dan Hendrycks and Mantas Mazeika, "X-Risk Analysis for AI Research," *arXiv*, June 13, 2022.

10. See Kevin Hurler, "Chat-GPT Pretended to Be Blind and Tricked a Human into Solving a CAPTCHA," *Gizmodo*, March 16, 2023, https://gizmodo.com/gpt4-open-ai-chatbot-task-rabbit-chatgpt-1850227471. 研究人员让一个机器人通过"验证码"（ReCaptcha），"验证码"是一种专为人类用户进入特定系统而设计的数字护栏。该机器人在 TaskRabbit 上雇了一个人来解决验证码问题，TaskRabbit 是一项为用户和短期任务执行者（通常是打扫公寓或遛狗）牵线搭桥的在线服务。被雇的人对机器人的请求产生了怀疑，于是询问机器人是否真的是机器人，是否这是它无法解决验证码问题的原因。机器人撒谎说，它是一个盲人。目前尚不清楚这是因为机器人没有文本输入，无法如实回答这样的问题，还是因为机器人推断出如果说实话就无法达到目标。但无论如何，收到机器人信息的人类都会按照机器人的要求去做。

11. Eliezer Yudkowsky, "Pausing AI Developments Isn't Enough. We Need to Shut It All Down." *TIME Magazine*, March 29, 2023.

12. Pierre Bourdieu, *Outline of a Theory of Practice* (Cambridge, UK: Press Syndicate of the University of Cambridge, 1977), 164.

13. 耶鲁大学法学院前院长圭多·卡拉布雷西的毕业典礼演讲，Yale Law School, May 22, 2023。具体引用了《哥林多书》10:12。

注释

14. Arthur Schopenhauer, *The Basis of Morality*, trans. Arthur Bullock (London: Swan Sonnenschein, 1903), 101.

结语

1. George S. Viereck, *Glimpses of the Great* (London: Duckworth, 1930), 373.